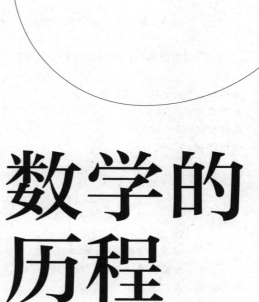

# 数学的历程

## 从泰勒斯到博弈论

张天蓉　著

清华大学出版社
北 京

**图书在版编目（CIP）数据**

数学的历程：从泰勒斯到博弈论/张天蓉著. —北京：清华大学出版社，2024.3
ISBN 978-7-302-65058-4

Ⅰ．①数…　Ⅱ．①张…　Ⅲ．①数学－通俗读物　Ⅳ．①O1-49

中国国家版本馆 CIP 数据核字（2024）第 003485 号

**责任编辑：**胡洪涛　王　华
**封面设计：**傅瑞学
**责任校对：**欧　洋
**责任印制：**丛怀宇

**出版发行：**清华大学出版社
　　　　　　网　　　　址：https://www.tup.com.cn，https://www.wqxuetang.com
　　　　　　地　　　　址：北京清华大学学研大厦 A 座　　　　邮　　编：100084
　　　　　　社 总 机：010-83470000　　　　　　邮　　购：010-62786544
　　　　　　投稿与读者服务：010-62776969，c-service@tup.tsinghua.edu.cn
　　　　　　质量反馈：010-62772015，zhiliang@tup.tsinghua.edu.cn
**印 装 者：**北京嘉实印刷有限公司
**经　　销：**全国新华书店
**开　　本：**165mm×235mm　　**印　张：**14.25　　**字　　数：**182 千字
**版　　次：**2024 年 5 月第 1 版　　　　　**印　　次：**2024 年 5 月第1次印刷
**定　　价：**65.00 元

产品编号：096991-01

# 数学与科学（代序）

　　数学是人类文化中的瑰宝，是描述科学最美妙的语言。数学算不算科学呢？比较普遍的回答是"数学不是科学"，因为就波普尔对科学的定义中"可证伪"这点而言，数学可以完全依靠几条公理按照逻辑建立起来，应该不属于科学。但也有人说数学是科学，将其称为"逻辑科学"。不过这就属于如何定义的问题了，无关本质。因此，在本书中我们使用多数人认可的观点，科学不包括数学。

　　不管数学是不是科学，它与科学的关系是密不可分的。人类的数学知识远远早于其他科学知识。人类在原始时代，已经能在物品交易中做简单的加减法，公元前 2000 年前后的古巴比伦人，已经会估算圆周率为 3.125；公元 480 年，中国的祖冲之用几何方法将圆周率计算到小数点后 7 位。

　　考察科学发展的历史，数学概念一般总是走在科学模型的前面。没有数学的发展，不可能建立各种科学模型，当然也不可能有科学的诞生和发展。在科学中的理论发展到一定程度的时候，又反过来为数学的发展提供灵感和动力。

　　后来的纯数学向抽象化和自身的逻辑推理发展，但如果追根溯源，早期的数学仍然是开始于人类对周围现实世界的研究。数学观察研究的是有关客观世界中物体之"数与形"的知识。

数学产生于公元前 3000 年前后，在埃及、巴比伦、中国等古文明发源之地，都有早期数学知识的记载。而其他的自然科学，比如物理、天文方面的知识探索，应该是从公元前 1000 年开始，也就是现在学界公认的标志着现代科学诞生的古希腊时代。

为什么人类对科学认识的记载远远落后于对数学知识的记载呢？因为早期的数学在本质上更像是一种"语言"。语言，广义而言，是用于沟通的方式。在人类知识发展的历史中，首先被创造出来的是（地方）语言，然后是地方文字，据说最古老的文字出现于公元前 3500 年的古埃及，稍后便有了（具有语言特征的）数字。沟通是语言的目的，人们为了沟通，使用语言来对所见所闻进行描绘，其中也包括对事物的数量、结构、变化、形态以及空间关系等概念的描绘，进行这类描绘的语言就是数学。普通自然语言使用的符号被称为文字，处理文字的规则被称为文法。数学也使用符号来对自然规律进行研究，数学符号往往表示具体事物的抽象，数学便是通过这种抽象化和逻辑推理的使用，来描述数量或结构间的规律。然后，再通过"语言、文字、数学"，人类才得以记载流传至今、我们称为"科学"的东西，例如古希腊科学。

如前所述，也可以将数学归类于"广义"的科学。特别是数学与理论物理的关系非同一般。人们常说"数理同源"，四个字概括了数学与物理的关系。这两个科学上最重要的分支，它们的关系又错综复杂，真实而自然，可谓妙不可言。而物理算是最早的经验科学，因此可以说，在某种意义上，数学引领了的科学诞生和早期发展。

在古希腊的时候，所有的科学都没有区别，几乎每个科学家都是全才：既是数学家，又是物理学家，也是哲学家。大概因为那时候科学的水平还比较低，完全不同于现在这种"隔行如隔山"的局面。那时候的科学家们所思考的都是"大"问题：宇宙、天地、星星、月亮，生命的起源，万物的秘密……那个年代可能也只有这种大问题可想，因为人类的知识宝库里还只有简略的几条框框，没有这个定律那个定理、这个技术那个工程的。既没有繁杂无比的公式可推导，也不需要用计算机编程来进行十天半个月之久的大量数字计算，因此，数学家们也几乎都是思想家。

在人类文明发展的历史长河中，各种文化中都充满了种种数学趣题难题。有些趣味数学问题成为跨世纪难题或千年难题，至今未解。数学问题的提出和解决促进并伴随着数学及其他科学的突破和进展。

有趣的数学问题，能带给我们莫大的惊喜和无穷的趣味。理解这些数学问题其中的意义，体会它们深藏的数学之美，追随数学家的思维方法，使大众爱上数学，把学习数学当作一门乐趣，是本书的宗旨。这本书不是一本正规教科书，不重在系统地传授知识，而着眼于开阔眼界、启发思考、增长见识、多向思维。

历史的角度和有趣的数学难题，是本书作者向读者介绍数学的两个切入点。作者尽力做到实例丰富、解释通俗、表述流畅、寓意深刻。

第 1 章叙述古代数学史，从第一位数学家的故事讲起，主要追溯数学发展的源头，解读古希腊数学思想对现代科学诞生及发展的重大意义等，也谈及独立发展的中国古代数学及其衰落。不过，任何事物都有始有终，即使是古希腊数学灿烂辉煌上千年，最后也仍然大江东去，被淹没于历史的长河。所幸其营养丰富，根基牢靠，能够一晃而过阿拉伯再到欧洲生根发芽、浴火重生。由此描述了古希腊的数学精神如何转化为现代数学以及现代科学的辉煌历程。

数学史上曾经有过三次数学危机，它们发生的原因是什么？数学家们是如何解决这几个危机的？在解决危机的过程中又如何诞生了微积分、催生了现代科学？因此，第 2 章以数学危机为主线来解读数学史。

19 世纪开始，数学发生了深刻的变化，几何复兴、分支形成、概念严格化，整体全面繁荣。逻辑主义、直觉主义和形式主义，三大学派激烈论战，深入研究。集合论的建立，数理逻辑、罗素悖论、哥德尔定理的出现更深化了数学基础的研究。

数学史就是"数之史"，伴随着一些基本而有趣的数学常数的发现，第 3 章挑选、介绍了几个重要的数学常数，它们是否暗藏了大自然的某种内在规律呢？

第 4 章重点介绍数学物理交叉应用的领域：变分法及微分方程。拉格朗日在他的《分析力学》中，将变分法用于牛顿力学，完全用分析的方法进行推导，建立起一套完整和谐的力学体系，显示了分析学的巨大威力，也表明数学和物理的成功结合。

变分法中涉及的"求极大极小、最优化"一类问题，与我们的日常生活紧密相关，牵涉到不少历史上著名的数学难题。通过描述几个难题相关的有趣故事，为你介绍其中隐藏着的深刻的数学物理原理。

微分方程是微积分在物理学和工程中最重要的应用，也做了稍加介绍。

相比科学而言，数学更是年轻人的游戏。数学史上不乏早逝的少年天才，读完第 5 章中几位数学家的故事和成就，令人唏嘘感叹！

近年来，抽象代数、拓扑等成为数学主流，博弈论也蓬勃发展。因此，第 6 章、第 7 章从一些饶有趣味的具体数学问题出发，介绍几个领域的基本知识。

数学范围广泛，并与日俱增。有些数学领域美丽而实用，有些领域抽象而神秘。但历史告诉我们：即使抽象难懂的数学，也总有一天会在科学中发挥作用，闪现光芒，这既是数学的奥秘所在，也是精髓所在！用中国著名数学家华罗庚的名言可以概括数学对科学的作用：

"宇宙之大，粒子之微，火箭之速，化工之巧，地球之变，生物之谜，日用之繁，无处不用数学。"

CONTENTS ○ 目录

# 1 古代数学

"数学支配着宇宙""万物皆数"——毕达哥拉斯

"迟序之数,非出神圣,有形可检,有数可推。"——祖冲之数学有着久远的历史。从原始社会开始，人类就在绳子上打结，以便计数；在地上画图，测量大小。"结绳计数"开创和发展了数字的最早概念，"土地测量"等生产活动的需求，使几何学应运而生。每一种文明都在其早期诞生了数学，本章遵循古希腊数学发展的主线，探索早期数学与科学诞生的关系，也简单介绍中国古代数学中几个亮点，以作比较。

## 1.1  第一位数学家

### 1.1.1  最早的数学

如今找到最多最早数学记录的地方，是古埃及和巴比伦。目前最古老的几个数学文本是《普林顿 322》（古巴比伦，约公元前 1900 年），《莱因德数学纸草书》（古埃及，约公元前 2000—前 1800 年），以及《莫斯科数学纸草书》（古埃及，约公元前 1890 年）。

图 1.1.1  《普林顿 322》泥板

以上古文本中，都有关于几何最早的记录。图 1.1.1 所示的古巴比伦的《普林顿 322》是一块泥板，上面的表格列出了不少勾股数，也就是满足 $a^2+b^2=c^2$ 的 $a$、$b$、$c$ 的正整数集合，比古希腊、中国、古印度的发现要早 1000 多年。

现藏于大英博物馆的《莱因德数学纸草书》（图 1.1.2），总长 525 厘米，高 33 厘米，与保留于俄罗斯莫斯科普希金造型艺术博物馆的《莫斯科数学纸草书》（图 1.1.3）齐名，是最具代表性的古埃及数学原始文献。两本纸草书中都有不少几何问题,据说其中有对 π 的简单计算,所得值为 3.1605。

图 1.1.2 《莱因德数学纸草书》

图 1.1.3 《莫斯科数学纸草书》

古埃及和古巴比伦数学距今已近 4000 年,应该算是人类最早期的数学。但是,两地的资料有限,人物不详。因此,追溯数学历史之源,还是从古希腊开始比较合适。

### 1.1.2 古希腊的天时地利人和

当今世界人口超过 70 亿,根据人类演化历史的研究及现代 DNA 技术的追踪,这 70 亿人口却是来源于一个共同的祖先——非洲人。

后来,人类的祖先以双脚走出非洲遍游世界,将后代延续繁衍到地球各处。更进一步,人类逐渐沿河而居,聚集在一起建立了城市和国家,并因之而独立诞生了多种人类文明,其中包括公元前 3500 年时的两河文明、公元前 3000 年时尼罗河畔的古埃及文明、公元前 2500 年恒河流域的古印度文明以及公元前 2000 年时黄河长江流域的中国华夏文明。

尽管多种人类文明独立诞生于不同的地区,各自特色不一,但是,作为人类文明思想精华之一的"科学",却起源于唯一的地方——古希腊!

科学之起源与数学思想的发展密切相关,如今被称为人类第一位数学家的先贤是公元前 6 世纪的泰勒斯,或称"米利都的泰勒斯"。米利都是泰勒斯的家乡。

那么,科学为何独独诞生于古希腊而非别处?答案有些出乎人们的意料，其原因竟然与古希腊的地理环境有关！

事实上，公元前500—600年，人类几大古文明世界不约而同地出现了兴盛场面：思想家辈出，哲学派别林立，各具特色和风格。然而同时，随着各方宗教思想的严密化和系统化，东西方哲学思想开始分道扬镳。这就是被后人称为"轴心时代"的年代，被描述为人类文明历史上"最深刻的分界线"。

那段时期，中国有孔子、老子、墨子、庄子、列子等诸子百家；印度有释迦牟尼，诞生了佛陀；古代波斯出现了拜火教……人类的几大古文明社会开始通过不同的哲学反思来认识和理解这个世界。

这些文明古国大多数始于农业的发展，建立于江河流域，而古希腊并不具备这种条件。例如泰勒斯的家乡米利都位于爱琴海东部沿岸，属于古希腊爱奥尼亚诸岛一带。那里没有河流只有海洋，没有平原只有山地。

因此，古希腊一不傍河，二无森林，既未发展出如文明古国那种农业文明，也不可能有像玛雅文化那样的丛林文明。

然而，古希腊却自有其"天时地利人和"之处！特殊的地理环境，使它尽管没有"原生文明"，却孕育出了一种独一无二、崇尚自由思想、有着海洋色彩的"次生文明"。

米利都位于多山的爱奥尼亚一带，沿岸是一个个的出海口。它们多面环山一面朝海，内路为群山所阻，海道却极为便利。高山阻隔使它们互相独立，海道畅通有利于发展自由的商业贸易。因此，这些出海口便形成了一连串以航海为基础、颇为富裕和自治、相互没有依附关系的独立城邦，米利都便是当时较大的12个城邦之一。

爱琴海一带，与米利都城邦隔海相望的，南是古埃及，东为巴比伦。繁荣兴旺的商业活动不时带来这两个文明古国的相关信息，而这两个文明又时常感受到更远的印度及华夏东方文明。因此，"轴心时代"温暖的春风也就这样间接地吹进了古希腊。

古希腊的思想家们,在多方文明的环绕渗透下,既保持其特有的自由思想,又包容地大量汲取外来的养分,最终化劣为优,扬长避短,导致科学发端于古希腊。

著名物理学家薛定谔曾经将其原因大致归纳为以下三点:

(1) 古希腊的小城邦,实行的是类似于共和制的政治;

(2) 航海贸易刺激经济,商业交换促进技术,由此而加速思想交流和科学理论形成;

(3) 爱奥尼亚人大多不信教,没有像古巴比伦和古埃及那样的世袭特权的神职等级,有利于倡导独立思想的新时代的兴起。

科学脱胎于哲学,得益于数理。古印度哲学多探讨人与神的关系;中国哲学家们多热衷于研究如何安国兴邦平天下,探讨的是人与人的关系。唯独古希腊哲学家们,喜好研究自然本身的规律,探讨的是人与自然的关系,使得古希腊哲学思想独具一格。

人与自然的关系,正是科学的本质,其中缺不了数学。

### 1.1.3 第一位数学家何许人也?

古希腊数学家泰勒斯被誉为世界第一位数学家、哲学家、科学家。泰勒斯对科学做了哪些贡献? 这里重点谈他对数学的贡献。

泰勒斯证明了"泰勒斯定理",首开先河引进"证明"的思想,将数学从经验上升为理论,继而使理性精神发源于古希腊,之后又传播到欧洲并催生了宏伟的现代科学……

泰勒斯(图 1.1.4)出生于米利都,尽管当年这个城邦名义上属于波斯统治,但实际上具有很大的独立性。米利都的大多数居民是在公元前 1500 年前后从克里特岛迁来的移民。克里特岛在米利都的西南方,位处古埃及、古巴比伦文明的辐射范围以内。而到了泰勒斯的父母一代,他们原是

图 1.1.4　米利都的泰勒斯

东南方向善于航海和经商的腓尼基人，也算是奴隶主贵族阶级。因此，天才的泰勒斯从小受到良好的教育。

泰勒斯早年随父母经商，曾游历埃及、巴比伦、美索不达米亚等地。泰勒斯兴趣广泛，涉及数学、天文观测、土地丈量等各个领域，游历过程中学习到很多知识。

泰勒斯最著名的哲学观点：水是万物之本。他研究天文，确认了小熊座，估量太阳及月球的大小，修定一年为 365 日。

数学上，他把在埃及跟当地祭司学习的数学知识应用于测量：估算船只离岸的距离，从金字塔的阴影计算其高度，证明了泰勒斯定理。

泰勒斯是西方思想史上第一个有记载、有名字留下来的思想家。这位人称"科学之祖"的伟大人物也在民间留下了很多趣闻逸事。

据说泰勒斯有一次用骡子运盐，一头骡子不小心滑倒在溪水中，背上的盐被迅速溶解了一部分，于是这头狡猾的骡子每到一个溪水旁就打一个滚，故意让盐溶解减轻负担。泰勒斯发现了这点，便将计就计，有次让这头骡子改驮海绵，骡子到溪边照样打滚，却发现负担越来越重。最后，聪明的泰勒斯终于使那头骡子改掉了溪边打滚的习惯，老老实实地继续驮盐！

泰勒斯还有几个预言成真的故事。他曾经预言某一年雅典的橄榄会丰收，便乘机购买了米利都所有的橄榄榨油机，抬高价格垄断了榨油行业，于是大赚了一笔，他以此证明自己如果把心思放在经商上，有潜力成为一个精明的商人。

据说泰勒斯利用他学到的天文知识，预测到了公元前 585 年的一次日食。这点可见于古希腊历史学家希罗多德在其史学名著《历史》中之记述：

"米利都人泰勒斯曾向爱奥尼亚人预言了这个事件,他向他们预言在哪一年会有这样的事件发生,并且实际上这话应验了。"

据说在那年,米堤亚和吕底亚的军队正准备打仗,泰勒斯的预言阻止了这场战争,因为古希腊人将日食视作上天将惩罚人类的一种警告,交战双方自然不愿违背天意,于是便签订了停战协议。根据现代天文学的知识,那是公元前 585 年 5 月 28 日的日食,泰勒斯应该无法准确地给出日期,只能预料一个大概的年月而已。

泰勒斯晚上没事时喜欢一边散步一边抬头看天象,也冥思苦想哲学问题,脑海中则免不了思绪翻滚、腾云驾雾。但他只知研究天上的星星,却看不到自己脚下的大坑,有一次不小心掉进了井里,女仆听到叫喊声后,好不容易将他救了上来。

### 1.1.4 泰勒斯对数学的贡献

泰勒斯在数学方面做了不少工作,从具体实践到数学思想都有所贡献,下面一一道来。

1. 实用计算

泰勒斯利用在古埃及和古巴比伦学到的几何学知识,发展了以几何物件相似为基础,计算一些无法直接测量的高度或距离的方法和技巧,如图 1.1.5 所示,其中包括三角测量法。他借由测量自己及金字塔的影子长度,以及自己的

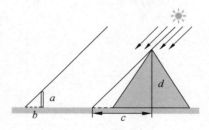

图 1.1.5　泰勒斯从金字塔的阴影估算出金字塔的高度

身高,并运用相似形的原理来测量金字塔的高度。泰勒斯也根据此原理推算自己与海上船只的距离,以及推算悬崖的高度。

在图 1.1.5 中,$a$ 是木棍长度,$b$ 和 $c$ 分别是太阳照射于木棍和金字塔所形成的阴影的长度。知道 $a$、$b$ 和 $c$,就可以计算出金字塔的高度 $d$ 和阳

光与地面的夹角。

泰勒斯也使用类似的方法，测量海上船舶与海岸之间的距离。

## 2. 几何证明

泰勒斯在进行早期的几何研究中，确立了一些逻辑和几何真理。他通过演绎推理得出许多数学定理和命题。其中最典型的一个称为泰勒斯定理。

泰勒斯定理讲的是："直径所对的圆周角是直角。"

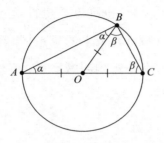

图 1.1.6　泰勒斯定理

泰勒斯并非此定理的最早发现者，古埃及人和古巴比伦人已知这一特性，可是他们没有给出证明。

如图 1.1.6 所示，$AC$ 是直径，其中点 $O$ 是圆心，在圆周上任取一点 $B$，分别连接 $A$ 点和 $C$ 点。根据泰勒斯定理，无论 $B$ 点在哪里，角 $ABC$ 都是直角。

为证明泰勒斯定理，需要以下两个事实（图 1.1.7）：

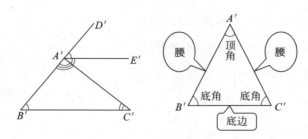

图 1.1.7　证明泰勒斯定理需要的两个命题

三角形三个内角和是 $180°$，等腰三角形的底角相等。

因为 $O$ 是圆心，所以 $OA$、$OB$、$OC$ 都是半径。因为圆的半径长度相等，所以三角形 $OAB$ 和三角形 $OBC$ 都是等腰三角形。我们把两个三角形的底角分别命名为 $\alpha$ 和 $\beta$。

将 $ABC$ 看作一个大三角形,所以:

$\alpha + \alpha + \beta + \beta = 180°$,

$\Rightarrow 2\alpha + 2\beta = 180°$,

$\Rightarrow \alpha + \beta = 90°$。

所以三角形 $ABC$ 是直角三角形。

在推导泰勒斯定理的同时,泰勒斯也证明了其他几个基本命题:圆被它的任一直径所平分,半圆的圆周角是直角,等腰三角形两底角相等,相似三角形的各对应边成比例,若两三角形两角和一边对应相等则两三角形全等。

3. 理性精神

泰勒斯定理的证明是很容易的,属于现在初中平面几何的范围。但泰勒斯对数学的贡献并不在于几何证明本身,而在于引进了"证明"的方法和概念。要知道,在泰勒斯之前,已经有一大堆几何事实,但没有过任何"证明"。泰勒斯是已知的第一个将演绎推理应用于几何的人,在一个充满谬误和迷信的时代,他是第一个用逻辑推理来理解这个世界的人,这就是为什么他被认为是第一位真正的数学家。

几何定理为什么需要被"证明"呢?至少有两个原因:一是,通过证明,才能确认定理的普适性,例如泰勒斯定理说:直径所对的圆周角是直角,只有证明之后,才确定这指的是直径所对的"任何"圆周角,而不是某一个特殊的圆周角。二是,证明能够发掘几何事实相互之间的关系,发展逻辑推理的方法。

打个比方说:未经证明的诸多几何事实,就像是一堆混乱堆砌在一起的砖头(图 1.1.8 左),而证明将它们互相关联起来,建造成基底牢固的建筑物(图 1.1.8 右)。

图 1.1.8　逻辑推理和证明的意义

其他文明,例如古埃及、古巴比伦、古印度、中国等,更早的时期就发现了很多"几何事实",都有早期数学知识的记载。但因为不强调形式逻辑,没有发展出演绎、证明、公理化等方法,因而未成大器。

泰勒斯首开先河的"理性精神",是数学的精髓。

泰勒斯划时代的贡献是引入了证明的思想,将数学从经验上升到理论,这在数学史上是一次不寻常的飞跃。为毕达哥拉斯创立理性数学、欧几里得创立公理化几何等奠定了基础。较之世界其他文明,这是古希腊独有的,可以说泰勒斯是数学乃至科学的奠基者。

## 1.2　万物皆数

### 1.2.1　毕达哥拉斯其人

离泰勒斯活跃的米利都不远处,有一个叫萨摩斯岛的城邦,出了一位主张"万物皆数"的数学家,认为"数"可以解释世界上的一切事物。他就是毕达哥拉斯(图 1.2.1),他对数字痴迷到近乎崇拜,同时认为一切真理都可以用比例、平方及直角三角形去反映和证实。他的毕达哥拉斯学派除将数学推崇到极致之外,还具有一些不可思议的神秘主义因素。例如,他们认为吃蚕豆是不道德的,因为人死之后,灵魂会寄存在蚕豆中,据说毕达哥拉斯本人可以与牲畜交谈,以便告诉牲畜不要吃蚕豆。

毕达哥拉斯与泰勒斯相差 50 多岁,曾经见过泰勒斯并受他以及米利

图 1.2.1　毕达哥拉斯

都学派的影响,可以算是泰勒斯的学生。毕达哥拉斯曾用数学研究乐律,
首次发现了音调的音程按弦长比例产生,频率间隔比例的简单数值形成了
美妙和谐的声音。由此,毕达哥拉斯将自己有关数的理论结合米利都学派
的宇宙论,提出了宇宙无比"和谐"的概念。他用数学关系表达音调的特
质,他认为这些关系也呈现在视觉、角度、形状中……所有的比例都是按照
完美的数字构成的! 太阳、月亮和行星都散发着自己独特的嗡嗡声(轨道
共振),地球上生命的特性决定了人耳察觉不到的这些天体的声音。

　　毕达哥拉斯第一次提出了大地是球体这一概念,从他开始,希腊哲学
产生了数学的传统,对以后古希腊的哲学家有重大影响。

### 1.2.2　毕氏学派对数学的贡献

　　毕氏学派证明了毕达哥拉斯定理(勾股定理),这和其他很多文明中发
现许多勾股数的意义是不同的。勾股数是符合勾股定理的三元数组,它们
的数目有无穷多。例如,(3,4,5)、(5,12,13)、(8,15,17)、(7,24,25)等,都
是勾股数,中国古代的"勾三股四弦五"就是典型的例子。在公元前 18 世
纪的巴比伦石板上,就已经记录了各种勾股数组,最大的是(18541,12709,
13500)。发现了勾股数,不等于发现了勾股定理,更不等于证明了勾股定
理。这个定理的证明(图 1.2.2),是始于毕达哥拉斯,再由后来的欧几里得
给出了清晰完整的证明。

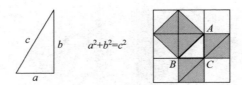

图 1.2.2　毕达哥拉斯定理

毕达哥拉斯学派还研究过正五边形和正十边形的作图,得到黄金分割的比值数:1∶0.618(图 1.2.3)。

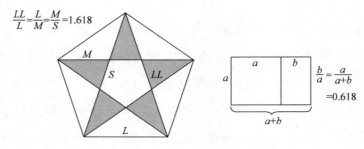

图 1.2.3　黄金分割

除诸如证明勾股定理这种具体的贡献之外,毕氏学派当时最著名的数学思想是用原子论的观点,将几何建于算术(整数)之上。根据毕达哥拉斯学派的观点,一切数都可以用整数以及整数的比值(我们现在所说的"有理数")表示出来。

当年的古希腊,各种哲学思想派别林立,此消彼长。毕达哥拉斯欣赏原子论的观点,并把它用于数学,用原子观点来构建他的几何纲领。

原子论认为万物分下去是原子,而毕氏学派认为几何线段分下去是"点"(图 1.2.4)。点是什么呢? 就是几何的原子,和原子一样有大小,即其长度不为零。例如,设 $d$ 表示点的长度,$d$ 有三种可能性:$d=0$,$d=$无穷小,$d>0$。

对"点"的理解反映了当时数学界连续派和离散派观点的区别,根据连续派的说法,线段无限可分,最后的"点"无尺寸,大小为零,或有人说是"无

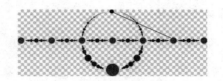

图 1.2.4　毕氏学派用原子论观点解释几何线段

"穷小"。但毕氏学派认为：如果说点是 0，那么，无尺寸的"点"如何能构成有尺寸的线段呢？这是无中生有、自相矛盾的。如果说点是无穷小，那么无穷小是什么？也说不清楚，令人困惑，更显得诡秘深奥。因此，毕氏学派采取离散派的观点，认为"分割"有尽头，最后的"点"很小但不为零。换言之，在毕氏学派看来，线段就像许多珠子串在一起的珍珠项链。基于毕氏的几何观，任何两个线段都可以共度（或称公度、通约），因为它们都由某个最小的长度组成。也就是说，所有的数都可以表示为整数或者整数之比。因此，世界及宇宙的美妙与和谐就建立在整数的基础之上！

## 1.3　芝诺悖论

芝诺是古希腊哲学家中一位很有特色的人物，以善辩并提出芝诺悖论著称。古希腊对辩证思维的认识，主要表现在论辩术中，其中芝诺所在的爱利亚学派是主要代表。当年的古希腊哲学家们热衷辩论的问题之一是世界的本源问题，也就是泰勒斯及其弟子们探索的问题。爱利亚学派的领袖人物是芝诺的老师巴门尼德，巴门尼德认为万物本源是永恒静止的实体"一"。芝诺为了捍卫老师的理论而进行"狡辩"，认为"多"和"运动"都只是表象。为了论证这点，芝诺提出四个悖论。其中最著名的是"阿喀琉斯追乌龟"和"飞矢不动"悖论。

从哲学的角度来看，芝诺悖论本身是一种辩证思维，揭示了人们思维中一些似是而非或似非而是的矛盾现象。芝诺的阿喀琉斯悖论与数学中极限理论密切相关，下面重点介绍一下。

### 1.3.1 阿喀琉斯追乌龟

阿喀琉斯是古希腊神话的善跑英雄、希腊第一勇士,假设他跑步的速度为乌龟的 10 倍,例如,阿喀琉斯 10m/s,乌龟 1m/s。出发时,乌龟在前面 100m 处,如图 1.3.1 所示。

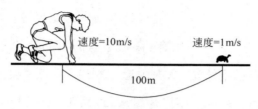

图 1.3.1　阿喀琉斯追乌龟

按照常识,阿喀琉斯很快就能追上并超过乌龟。

芝诺却说:"他永远都追不上乌龟!"

为什么? 芝诺振振有词:开始,乌龟超前 100m;当阿喀琉斯跑了 100m 到乌龟出发位置时,乌龟已经向前爬了 10m,乌龟超前 10m。然后下一步,乌龟将超前 1m;再下一步,超前 0.1m;然后继续下去:超前 0.01m、0.001m、0.0001m⋯⋯不管这个数值变得多么小,乌龟永远超前!

用我们现代的数学知识,一个简单的代数计算就足以反驳芝诺的"谬论"。

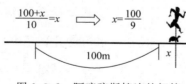

图 1.3.2　阿喀琉斯悖论的解答

假设某个时刻 $x$ s 之后,阿喀琉斯追上了乌龟(图 1.3.2),可以列出 $x$ 满足的方程并解出 $x = (100/9)$。也就是说,$11\frac{1}{9}$ s 之后,阿喀琉斯赶上了乌龟!

因此,现在的大多数人会觉得芝诺是在"诡辩",因为他说的乌龟超前的一连串数字:1m、0.1m、0.01m、0.001m⋯⋯貌似无穷多,但都是在 $\frac{100}{9}$ s 之内完成的,并非"永远"!

当我们说到"无限",有两种含义:一是无限分割,二是无限延伸。无限份时间不等于无限长时间! 一个收敛级数的和是有限的,而时间的流逝却是无限的。芝诺显然混淆了两者,或者偷换了概念。因此,以现代观点看,他的确是在"诡辩"。

不过,我们需要用历史的眼光分析这个问题。那是 2000 多年前,还没有完善的极限概念,也不知道"收敛级数"这个词,而这正是我们得到上面结论的基础。比芝诺稍后(后约 200 年)的阿基米德对此悖论进行了颇为详细的研究。他把每次追赶的路程相加起来计算阿喀琉斯和乌龟到底跑了多远,将这一问题归结为无穷级数求和的问题,证明了尽管路程可以无限分割,但整个追赶过程是在一个有限的长度中。所以说,芝诺的说法并非仅仅是诡辩。

### 1.3.2　芝诺悖论的意义

"一尺之棰,日取其半,万世不竭",这句话是中国惠施说的。意思是说,一尺长的竿子,每天截取一半,一万年也截不完。竿子越来越短,长度趋于零,但又永远不会等于零,这正是"事物无限可分,但又不可穷尽"的极限思想的萌芽(图 1.3.3)。

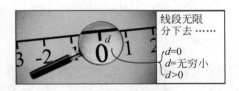

图 1.3.3　不同的极限观点

前面说到的毕氏学派用原子论解释几何的数学观,代表了古希腊极限观。

芝诺时代已经过去 2400 多年了,但是围绕芝诺的争论还没有休止。芝诺揭示了稠密性和连续性、无限可分和有限长度、连续和离散、实无穷和潜无穷之间的关系,引起人们对这些关系的关注与研究。

图 1.3.4　实无穷和潜无穷

实无穷把极限当作数学实体，潜无穷认为极限是无限趋近的过程（图 1.3.4）。古时候，毕氏学派代表"实无穷"的极限观，惠施的说法是"潜无穷"观点。

因此，在古希腊数学发展的关键时刻，芝诺也做出了有意义的贡献。

## 1.4　几何之乡

公元前 540 年，毕达哥拉斯学派发现了无理数，几十年后爱利亚学派的芝诺又提出悖论。这些事件动摇了毕氏学派所尊崇的算术（整数）基础，引发了第一次数学危机。之后，几何在古希腊数学中的地位被大大提升，从而有利于逻辑推理的发展，最后，欧几里得总结前人的成就，建立了第一个公理化体系。古希腊不愧为数学的发源地，几何之故乡……

### 1.4.1　柏拉图的贡献

苏格拉底、柏拉图和亚里士多德并称为"希腊三贤"（图 1.4.1），其中与数学发展最有关联的是柏拉图。柏拉图在发展几何及古希腊数学方面有举足轻重的贡献。这并不是说他在几何或数学研究中取得了多么杰出的学术成果，他的功劳主要表现在以下两个方面。

苏格拉底　　柏拉图　　亚里士多德

图 1.4.1　希腊三贤

一是他所建立的柏拉图学院，吸引了当时大批的顶尖人才，他们以柏拉图为核心形成一个学派，称为柏拉图学派。这是西方最早的高等学府，后世的高等学术机构也都使用"学院（academy）"这个名字。

在柏拉图指导下，学院的数学教育取得了极大的成功，因为学者之间需要经常进行讨论或交流，而学院正好为交流活动提供了场所，因此，柏拉图学院逐渐成为研究哲学、数学等科学的中心。

传说柏拉图学院的门前，镌刻着一句名言："不懂几何者勿入！"

其中最杰出的数学家包括创立比例论从而解决了"不可通约量"的欧多克索斯等人，以柏拉图学派弟子命名的数学定理和计算方法有很多。据说欧几里得早年也曾在学院攻读过数学，他的《几何原本》中的大部分内容都是源于柏拉图学派数学家的研究成果。

柏拉图数学贡献中的第二点，体现在他的名著《理想国》一书中。他把逻辑思维方法引入几何。书中的第 6 部分谈及了数学假设和证明。柏拉图将算术、几何、天文等列为主要数学分支，认为这些是哲学家的必备知识。这说明他十分重视数学（尤其是几何）。

柏拉图还企图使天文学成为数学的一个分支。他认为："天文学和几何学一样，可以靠提出问题和解决问题来研究，而不用去管天上的星界。"

柏拉图企图用数学方式来解释宇宙。他设想宇宙万物由五种正多面体组成，分别对应于五种元素。正四面体代表"火"，正八面体代表"气"，正二十面体代表"水"，立方体代表"土"，正十二面体代表组成天上物质的"以太"（图 1.4.2）。

图 1.4.2　柏拉图多面体

柏拉图对于几何学的崇尚到了极端的程度。他认为"上帝创造世界时，用的正是几何法则""从已知的假设出发，以前后一致的方式向下推，直至得到所要的结论"。这些名句广为传播，使演绎推理在学院里盛行。

### 1.4.2　几何大师

柏拉图强调演绎和推理，不需依赖经验的抽象性，带有一定的公理化色彩。这种思维方式对后来的欧几里得和阿基米德都有很大影响。

欧几里得被称为"几何学之父"。他活跃于托勒密一世时期的亚历山大里亚，也是亚历山大学派的成员。他在著作《几何原本》中提出五大公设，成为欧洲数学的基础。

欧几里得生平资料流传到现在的很少，画像也都是后来的画家凭着想象创作的。但他的公理化几何流传极广，进入世界各国的教材。欧几里得约公元前 300 年所著的《几何原本》（图 1.4.3），是用公理法建立演绎数学体系的最早典范。

图 1.4.3　欧几里得和《几何原本》

有些研究者认为其实没有欧几里得这个人，一般认定是他所写的作品其实是一群数学家（柏拉图的学生：欧多克索斯、泰阿泰德及欧普斯的腓力等）以欧几里得为名所写。不过大家都将这些归于"欧几里得"名下。

在欧几里得的推动下，数学（几何）逐渐成为人们生活中的热门话题，以至于当时亚历山大国王托勒密一世赶时髦，也想学点几何，但他学得很吃力，向欧几里得讨教："学几何有无捷径？"欧几里得回答："在几何学里，没有专为国王铺设的大道。"

欧几里得几何从几条公理出发,靠逻辑推理证明其他的命题和定理。所谓"公理",指的是不证自明、经过人类长期反复实践证明的基本事实。

欧氏平面几何的 5 条公理(公设):①过两点可作一条直线;②直线可无限延长;③以任何点和直径可以画圆;④凡直角均相等;⑤过直线外一点有且只有一条直线与该直线平行。

古希腊不愧为"几何之乡",那里出了欧几里得这位几何大师。古希腊不仅数学人才辈出,还为人类留下了"平行公理"之疑惑以及"古希腊尺规作图三大数学难题",前者导致非欧几何的出现,后者的解决扩展了代数领域。因此,古希腊几何对近代数学的发展影响巨大。

### 1.4.3　非欧几何

欧几里得的 5 条公理中,人们对前 4 条都没有异议,唯独第五公理(平行公理),看起来颇似定理。在《几何原本》中,平行公理在证明第 29 个命题时才用到,之后也不太用。许多人就怀疑是不是只用 4 个公理就够了,也许可以将平行公理证明出来?

因此,数学家们折腾来折腾去,对平行公理讨论、质疑、研究了 2000 多年。这其中有古希腊的波希多尼斯(Posidonius)、2 世纪的著名学者托勒密、5 世纪的普罗克洛斯(Proclus)等。1000 年后的大数学家勒让德(Legendre)也迷上了平行公理达 20 年之久,对第五公理给出了许多证明。当然,这些证明都是错误的。直到 1824 年,俄国数学家罗巴切夫斯基提出一个和欧氏平行公理相矛盾的命题,代替第五公理,结合前 4 个公理成公理系统,展开推理,得出许多违背常理、莫名其妙的结果:三角形的内角和小于两直角,而且随着边长增大而无限变小,直至趋于零;锐角一边的垂线可以和另一边不相交等。如此建立了一套与欧氏几何平行的几何体系,后人称之为罗氏几何。匈牙利数学家鲍耶也发现了第五公理不可证明和非欧几何的存在。鲍耶在研究过程中遭到了家庭、社会的冷漠对待，1832年在他的父亲的一本著作里，以附录的形式发表了研究结果。

高斯也研究非欧几何，发现第五公理不能证明。但是高斯害怕这种理论会遭到当时教会力量的打击和迫害，不敢公开发表，也不敢站出来支持罗巴切夫斯基等，罗巴切夫斯基遭讽刺打击郁郁而终，到死也没能看到自己的研究成果被学界公认。

在罗巴切夫斯基死后12年，1868年，意大利的一个数学家贝尔特拉米（Beltrami）发表了一篇论文《非欧几何解释的尝试》，详细叙述了非欧几何的体系，证明了非欧几何的存在，给出了罗氏几何的直观解释，表明罗氏几何应该与负常数曲率的曲面（如双曲面）的几何相符合。

之后，又有了将平行公理作不同改变而产生的黎曼球面几何。这三种几何分别适用于平面、双曲面、球面（分别对应于图1.4.4的左、中、右），但它们被建立的过程却是根据改变平行公理后用逻辑推理方法得到的。下面总结一下三者平行公理之不同。

$$\angle 1 + \angle 2 + \angle 3 = 180° \qquad \angle 1 + \angle 2 + \angle 3 < 180° \qquad \angle 1 + \angle 2 + \angle 3 > 180°$$

图 1.4.4　欧氏几何（左）、罗氏几何（中）、球面几何（右）中的三角形内角和

欧氏几何的平行公理：过直线外一点有且只有一条直线与该直线平行。

罗氏几何的平行公理：过直线外一点至少有两条平行线。

球面几何的平行公理：过直线外一点没有该直线的平行线。

三种几何各自都构成了一个严密的公理体系，各公理之间满足和谐性、完备性、独立性，因此这三种几何都是正确的。

日常生活中适用欧氏几何；在宇宙空间或原子核世界，罗氏几何更符合客观实际；在地球表面航海、航空等实际问题中，球面几何更为准确。

之后，黎曼统一了以上三种几何，结合微积分于流形之上建立了黎曼几何（图1.4.5）。并且预见，物质的存在可能造成空间的弯曲。为爱因斯坦的广义相对论准备了数学基础。古希腊几何发展到黎曼几何，再用于相对论，可见其对科学影响之巨大。

平面几何

欧氏几何大厦

几何理论

5 条公理

平行公理

改1

改2

罗巴切夫斯基

黎曼

罗巴切夫斯基

黎曼

图 1.4.5　黎曼统一了三种几何

### 1.4.4　古希腊三大几何作图难题

古希腊留下了三大几何作图难题。两千多年后，欧洲出了几位少年数学天才（图1.4.6），其中两位因群论的建立以及他们的早逝而广为人知，阿贝尔贫病交加而死，伽罗瓦21岁时与人决斗死于非命。解决尺规作图难题的是旺泽尔，但他34岁便英年早逝了。他研究过五次方程的根式解，并第一次给出三大难题中"三等分角""倍立方"问题的不可能性证明，但他的工作被忽略了近一个世纪。

尺规作图是古希腊人提出的一种平面几何作图方法。指的是只能有限次地使用圆规和无刻度直尺，解决平面几何作图题。

三大作图难题（图1.4.7）是：

阿贝尔　　　　伽罗瓦　　　　旺泽尔
(挪威)　　　　(法国)　　　　(法国)

图 1.4.6　欧洲少年天才数学家

（1）倍立方：用尺规作图的方法作出一立方体的棱长，使该立方体的体积等于一给定立方体的两倍。

（2）三等分角：将任意给定角三等分。

（3）化圆为方：求一正方形，其面积等于一给定圆的面积。

倍立方　　　　　三等分角　　　　化圆为方

图 1.4.7　三大作图难题

旺泽尔用代数的方法来解决几何问题，于 1837 年证明了不存在仅用尺规作图法将任意角度三等分的通法。具体来说，旺泽尔研究了给定单位长度后，能够用尺规作图法所能达到的长度值。所有能够经由尺规作图达到的长度值被称为规矩数，或称可造数（constructible number）。意思便是指用圆规（规）、直尺（矩）可以作（造）出来的数。

可以证明，尺规作图可作的几种操作，对应于代数中的加减乘除加开方运算，即包括平方根、四次方根、八次方根等 $2^n$ 次方根。因此，规矩数的集合比有理数大，比实数小，可以将有理数域扩大而得到。下面是规矩数和非规矩数的例子：

规矩数例子：$3, \dfrac{5}{2}, \sqrt{3}, \sqrt[4]{7}, \dfrac{1}{2}\sqrt{3+\sqrt{5}}$。

非规矩数例子：$\sqrt[3]{2},\pi,e,\sqrt[5]{7}$。

规矩数的集合仍然是一个域，因此可用尺规作图后需要产生的新数是否是规矩数来判定其可能性。而旺泽尔证明了：如果能够三等分任意角度，那么就能做出不属于规矩数的长度，从而反证出通过尺规三等分任意角是不可能的。此外，因为规矩数中不包括三次方根，而倍立方问题就是要用尺规作图做出$\sqrt[3]{2}$的线段，所以也无解。

最后，规矩数是一种代数数，不包括不能表示为代数方程之解的超越数，而化圆为方问题的本质就是要用尺规作图做出长度与 $\pi$ 开方有关的线段。1882 年，数学家林德曼证明了 $\pi$ 为超越数，因此也证实了化圆为方问题的不可能性。

回顾三大难题经 2000 年才被证明的过程，古希腊几何对数学发展的作用不言自明。

## 1.5 圆锥曲线的启示

### 1.5.1 简述

什么是圆锥曲线？直观而言且顾名思义，它们指的是在几何学中由平面和圆锥相交产生的曲线，如图 1.5.1 所示。平面与圆锥相交的角度不同时，可以产生圆、椭圆、双曲线、抛物线等。一般来说，我们将这几类曲线统称为"圆锥曲线"。从图 1.5.1 中可以看出各种圆锥曲线的大致形态：圆和椭圆是闭曲线，抛物线是一条线，而双曲线有两个分支，等等。同时也看到在某些特殊角度下，曲线可能退化成直线的情形。

圆锥曲线均为平面曲线，因此更方便在平面上定义它们。

平面上定义它们的方法有两种：一种是描述为移动点的路径（轨迹）。也就是说，圆锥曲线是到固定点（焦点）的距离与到固定线（准线）的距离之比为常数的点的轨迹。这个比值称为曲线的偏心率（也叫离心率）。如果

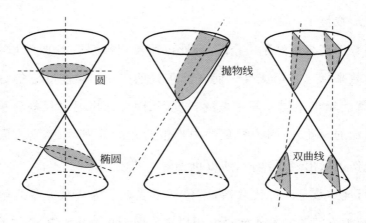

图 1.5.1　圆锥曲线是平面与圆锥的交线

偏心率为零,则曲线为圆;如果等于 1,则为抛物线;如果小于 1,则为椭圆;如果大于 1,则为双曲线。偏心率完全表征了圆锥曲线的形状,见图 1.5.2。

彩图 1.5.2

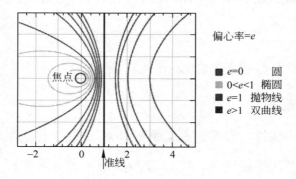

图 1.5.2　定义圆锥曲线为动点轨迹

另一种是,在平面上用一个形式解析为 $Ax^2 + By^2 + 2Cxy + 2Dx + 2Ey + F = 0$ 的二次多项式来定义圆锥曲线,其中 $A$、$B$、$C$ 不同时为 0,某些情况下,方程可以简化。

### 1.5.2　最早的研究

让我们追溯一下圆锥曲线之历史。说到平面几何,大家都想到欧几里得,但说到圆锥曲线,人们更容易联想到解析几何。然而,圆锥曲线研究的起源,仍然要归功于 2000 多年前的几位古希腊数学家:据说欧几里得和阿基米德都研究过圆锥曲线,还有希波克拉底(Hippocrates,前 470—前 410 年)等,不过大家公认的进步是始于梅内克缪斯(Menaechmus,前 380—前 320 年)和阿波罗尼奥斯(Apollonius,前 262—前 190 年)(图 1.5.3)。

第一位研究圆锥曲线的是梅内克缪斯,他是柏拉图的学生。有意思的是,他的研究起源于尺规作图"倍立方"问题。倍立方问题也叫提洛斯问题,因为它起源于一个传说故事。

梅内克缪斯　　　阿波罗尼奥斯

图 1.5.3　研究圆锥曲线的先驱

古希腊的提洛斯岛(Delos,传说是太阳神阿波罗的出生地)发生了一次瘟疫,当居民向阿波罗祈祷时,神谕说:"他们需要把正方体的祭坛加到两倍大,瘟疫才能停止。"

图 1.5.4　倍立方问题

于是便有了这个柏拉图也解决不了的倍立方问题(图 1.5.4),因为它涉及已知单位长度,要去求 2 的三次方根:1.25992104989……这是一个无理数,无限不循环,不能依靠直尺精确地造出新的祭坛,使其体积为原来的两倍,除非用几何方法作出一个线段等于它。

希俄斯岛的数学家希波克拉底对"化圆为方"也有研究并发现了"月牙定理"。他将倍立方问题做了一点变动,转化为寻找两条线段长度的两个比例中项的问题。

当 $a:x=x:b$,则 $x=\sqrt{ab}$ 就是 $a$ 和 $b$ 的比例中项(也称"几何平均值")。当 $a=1,b=2$ 时,这个线段是 2 的平方根($\sqrt{2}$),可以用尺规作图做出来。但是倍立方问题中说的比例中项与上面定义有所不同,或许可以称为二次比例中项：简言之，问题中有两个未知数 $x$ 和 $y$，满足方程 $a:x=x:y=y:b$。例如，当 $b=2a$，则可从上面方程解出：$x=\sqrt[3]{2}a$。也就是说需要寻找 2 的三次方根（$\sqrt[3]{2}$），这在当时是不可能的。因此，对于长度为 $a$ 和 $b$ 的一对给定线段，若能（用几何方法）找到 $x=\sqrt[3]{2}a$，则可以解决倍立方问题。

　　人们折腾半天也无法将倍立方问题用严格的尺规作图法解决（图 1.5.5）。因此，数学家们便退而求其次，加上一点辅助工具。最早的解决方法之一是由比柏拉图晚了约半个世纪的梅内克缪斯加上（抛物线）给出的。梅内克缪斯还定义了其他圆锥曲线，因此，在数学史上，梅内克缪斯被认为是最早定义圆锥曲线（conic section）的人，这比当时解决倍立方问题具有更大的数学（科学）意义。

　　用现代解析几何的语言来描述，梅内克缪斯对倍立方问题（非尺规作图方法）的解决用了两条抛物线：$x^2=ay$ 和 $y^2=2ax$。不难证明，这两条抛物线除原点以外的交点的 $x$ 坐标为 $x=\sqrt[3]{2}a$，正是让边长为 $a$ 的立方体体积加倍所需的边长，见图 1.5.6。

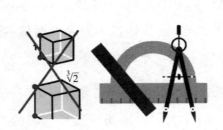

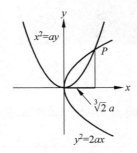

图 1.5.5　不能尺规作图的倍立方问题　　　图 1.5.6　梅内克缪斯分析倍立方问题

　　抛物线 $x^2=ay$ 整条线不能用尺规作图画出来，但可以用尺规作图得到它上面的每个点，因为 $x$ 是 $a$、$y$ 的（一次）比例中项。

　　最后，为圆锥曲线命名，第一次采用平面切割圆锥的方法来研究这几种曲线,并作全面总结的是阿波罗尼奥斯,他的著作《圆锥曲线》是其中的巅峰之作,是古代世界最伟大的科学著作之一。阿波罗尼奥斯的成就巨大,以至于在之后的上千年里,在圆锥曲线研究方面都没有什么突破。

千年后的突破伴随着圆锥曲线在天文学、力学和光学中的应用。

### 1.5.3 应用

与圆锥曲线相关的聚焦光线一类的应用很早就有,例如传说中的阿基米德发明了"聚光镜"成功击退敌军的故事等。

1609 年,德国著名数学家开普勒发表了他的行星运动第一定律:每一个行星沿各自的椭圆轨道环绕太阳,而太阳则处在椭圆的一个焦点上(图 1.5.7)。据说开普勒最早使用"焦点"一词,后来的德威特发明了"准线"一词。伽利略研究地面上的弹道轨迹,得出它们是抛物

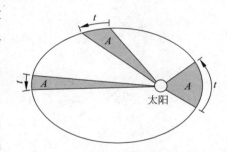

图 1.5.7 开普勒行星运动定律

线的结论,加上后来望远镜的发明,这些应用成果让圆锥曲线的研究再次扬帆起航。

伽利略既是天文学家、数学家,又是物理学家和工程师。他发明制作了第一台天文望远镜并改进了望远镜的光学性质,他还发现了地面上物体斜抛运动的轨迹是抛物线的事实,这些都促进了圆锥曲线的应用和研究(图 1.5.8)。

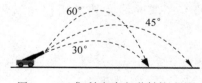

图 1.5.8 伽利略确定弹射轨迹是
抛物线

圆锥曲线的应用主要是在光学和天体运动方面,天文望远镜的发明和应用将这两方面联系起来,两者对现代科学诞生和发展的作用无须多言。

圆锥曲线有特别的光学性质(图 1.5.9),举反射为例:

（1）从椭圆的一个焦点出发的光线，经过椭圆的反射，经过另一个焦点；

（2）从双曲线的一个焦点出发的光线，其反射光线的反向延长线过焦点；

（3）从抛物线焦点出发的光线，其反射光线平行于对称轴。

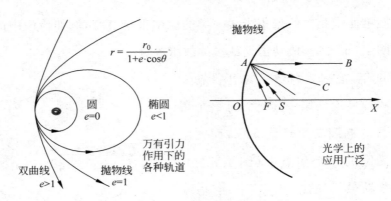

图 1.5.9　圆锥曲线的性质

这种光学上的聚焦性质，是焦点一词的来源。圆锥曲线的光学性质在生活中有着很广泛的应用，如探照灯、太阳灶、聚光灯、雷达天线、卫星天线、射电望远镜等。

除天文学之外，圆锥曲线还出现在微观粒子的散射问题中。一般人比较生疏的双曲线，也在计算彗星轨道时被研究。双曲线主要应用在建筑领域（图 1.5.10）。

### 1.5.4　对科学的意义

圆锥曲线的发现和研究对光学、天文、物理、科学的发展意义重大。直到现在，圆锥曲线无论在数学以及其他理论科学技术领域，还是在我们的实际生活中，都占有重要的地位。

圆锥曲线于 17—18 世纪在物理学中的应用和影响，绝对超乎古希腊数学先驱们的想象，即使是现在，也很难找出一类曲线能如此深入到科学

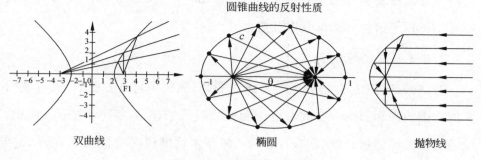

圆锥曲线的反射性质

双曲线　　　　　　　椭圆　　　　　　　抛物线

图 1.5.10　圆锥曲线反射性

技术之中。

对圆锥曲线的研究是最早将几何与代数结合在一起的研究,早期阿基米德对抛物线下面积的计算中,就闪现着微积分的思想火花。圆锥曲线可算是几何问题与代数问题相融合的最佳范例,对它们的研究促进了坐标系的建立。笛卡儿和费马创建的解析几何,又使得对圆锥曲线研究达到了高度的概括与统一。从解析几何可得到圆锥曲线的方程,利用方程又便于研究更多圆锥曲线的性质。

古希腊对圆锥曲线的研究似乎是独一无二的。目前还未发现有中国古代数学家研究过圆锥曲线,印度和阿拉伯世界对圆锥曲线的了解最早也是从古希腊传过去的。因此,圆锥曲线对科学技术的意义,再次证明古希腊数学对现代科学的贡献。

## 1.6　阿基米德

阿基米德被认为是历史上最伟大的数学家之一,同时又是伟大的物理学家。不过,阿基米德除了思考,动手能力也极强,因此,他被冠以多个头衔:哲学家、数学家、物理学家、发明家、工程师、天文学家。

阿基米德距离我们的时代已经 2000 多年,但他在数学、物理、天文等方面的造诣之深,不得不令我们现代人惊叹万分,特别是前几年才使用现代科技方法恢复重现的当年阿基米德的手稿——"失落了的羊皮书"，让我们真正见识了这位伟人的超时代智慧。

### 1.6.1 古希腊的伟人

阿基米德(图 1.6.1)在数学上成就非凡，他利用自己发明的"逼近法"，算出球面的面积、球体的体积、椭圆和抛物线等所围成的平面图形的面积，他还研究出螺旋形曲线(即现代称为"阿基米德螺线")的性质。直到 1800多年之后，牛顿和莱布尼茨才依据类似的极限思想，发明了近代的"微积分"概念。

图 1.6.1 古希腊伟人阿基米德

在物理学方面，阿基米德发现浮力定律的故事被广为流传。据说阿基米德为了帮助叙拉古的国王戳穿金匠皇冠掺假一事，想办法测量形状复杂的皇冠的体积，为此阿基米德绞尽脑汁未得其法。后来有一天，当阿基米德正浸泡在浴盆里洗澡的时候，看见盆中的水面随着自己身体沉下去而升高，从中突然悟出了问题的答案：如果将皇冠浸入水中的话，盆中水的体积的增加量便应该等于浸在其中的皇冠的体积。这时，兴奋激动无比的阿基米德从浴盆跳了出来，光着身体就跑了出去，边跑边喊"尤里卡！尤里卡！"尤里卡是希腊语，意思是"我发现了"。阿基米德当时所发现的，便是我们现在熟知的"阿基米德浮力定律"。

在天文学方面，阿基米德曾经制作了一座运行精确的天象仪，球面上有太阳、月亮和五大行星，可以展示太阳系的运行，还能预测近期内将发生的月食和日食。阿基米德甚至开始怀疑地心说,脑海中已经产生了距离他1600多年之后哥白尼提出的日心说的朦胧猜想。

不要破坏我的圆!这是阿基米德临死前的呐喊。没人知道这位年逾古稀的伟大数学家当时画的是什么图。但阿基米德曾经嘱咐:将一个圆柱及其内接球的图案刻在自己墓碑上,还需写上他发现的两者体积比(3∶2)的结果。据说公元前75年,哲学家西塞罗在一片墓地的废墟里,由此图案而认出了阿基米德的墓。

阿基米德是一位物理、数学、天文之全才。阿基米德曾活跃于亚历山大里亚,他确定了大量复杂几何图形的面积与体积,给出圆周率的上下界;提出用力学方法推测问题答案,其中隐含了1000多年之后才产生的"积分论"思想。

### 1.6.2　计算球体体积

无论阿基米德的墓碑是否真实存在,阿基米德是公认的第一个计算球体体积及表面积的人。他使用的超凡方法,记载在他公元前225年的著作《论球和圆柱》,以及之后发现的"阿基米德羊皮书"的《方法论》中。这也是阿基米德本人引以为豪的"得意之作"。

球体体积的计算对现代人是小事一桩,因为我们有微积分这个强大的数学工具,但阿基米德比共同发明微积分的牛顿和莱布尼茨早了2000年。他是怎么做到的?他虽然没有被算作微积分发明人之一,但他已经用了微积分的思想!本节中我们就跟随阿基米德,看看他是如何计算球的体积的。

不可思议的是,阿基米德将自己发现的"杠杆原理"应用到球的体积的计算中。

球的体积和杠杆原理,这两件事乍一听风马牛不相及,杠杆原理是有关静力平衡的一个物理规律。例如,大质量和小质量可在不同长度的力臂下平衡。当然进一步而言，如果两个物体由均匀分布的同样材料组成，质量或力可用体积等效地代替，便可用于解决几何问题。这是阿基米德利用杠杆原理的思路。

如图 1.6.2(a)所示，阿基米德考虑具体情形：半径 $r$ 的球，放在一个底圆半径 $2r$，高度 $2r$ 的圆柱中，一圆锥内接于圆柱。显然，圆锥底角为 $45°$。

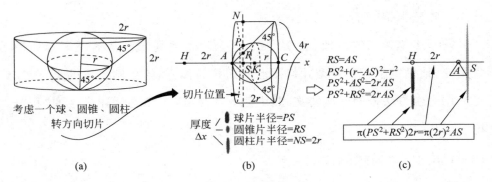

图 1.6.2　用杠杆原理计算球的体积

在阿基米德年代，已经知道如何计算圆柱的体积。此外，欧几里得使用穷竭法证明了圆锥体积是等底等高圆柱体积的 $1/3$。因此，唯一未知的是球的体积。

阿基米德用 $x$ 轴代表杠杆轴，将大圆柱穿过中线挂在杠杆上。然后，阿基米德展现了他的神来之笔：他将这 3 个几何体分成一个一个薄薄的切片！谁能说这不是微积分的思想呢？

例如，当切面在一个任意位置(图 1.6.2(b)的虚线表示)，该切片切出3 个圆圈，分别对应球体、圆柱、圆锥，然后通过几个简单的几何步骤可以证明：

$$RS = AS$$

$$PS^2 + (r - AS)^2 = r^2$$

$$PS^2 + AS^2 = 2rAS$$

$$PS^2 + RS^2 = 2rAS$$

$$\pi(PS^2 + RS^2)2r = \pi(2r)^2 AS$$

　　最后一个等式表示的是一个杠杆平衡条件。如果两个较小的圆放到左边距离支点 $A$ $2r$ 的 $H$ 点,大圆留在原处,它们将精确地围绕支点 $A$ 平衡。因为分割线是任意的,所以任何位置切下的 3 个薄片都将满足如图 1.6.2(c)所示的平衡条件。

　　因为平衡条件被任何位置的 3 个薄片所满足,那么,也应该被 3 个几何体的整体所满足(这一步类似积分),如图 1.6.3(a)所示。

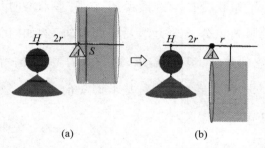

(a)　　　　　　　　(b)

图 1.6.3　平衡条件

(a) 3 个薄片平衡,整体也平衡;(b) 将 3 个整体挂在质心位置

　　然后,阿基米德又用了一个物理性质:用质心取代了质量分布(这点对圆柱不是问题),将平衡情况等效于 3 个集中质量(体积)的平衡,如图 1.6.3(b)所示。将图 1.6.3(b)的杠杆平衡条件写出来,便有:

　　　　(球体积＋圆锥体积)×$2r$＝大圆柱体积×$r$

经过代数运算化简:

　　　　球体积＋圆锥体积＝(1/2)大圆柱体积

　　　　球体积＝(1/2)大圆柱体积－(1/3)大圆柱体积

最后得到:

　　　　球体积＝(1/6)大圆柱体积

　　从图 1.6.4 不难求到:大圆柱体积是小圆柱体积的 4 倍,因此:

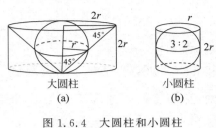

图 1.6.4　大圆柱和小圆柱

(a) 大圆柱；(b) 小圆柱

球体积 ＝（2/3）小圆柱体积

图 1.6.4（b）便是阿基米德想要刻在他的墓碑上的图像和方程式。

在以上计算球体积的过程中，阿基米德先将整体分成薄片，然后又回到整体，这隐含着微积分思想。微积分已经呼之欲出。实际上，从现代的观点来看，已经没有必要使用杠杆原理来绕一圈！如果阿基米德脑海中当初没有杠杆原理，纯粹从数学的角度想办法，也许他就发明了微积分！不过话说回来，阿基米德时代的物理基本上是静力学，牛顿发明微积分是动力学发展的需求，例如对描述"即时速度""加速度"这些概念的数学工具的需求，这些更需要微分。而微分似乎是比积分更基本的概念。但无论如何，阿基米德超前 1000 多年的思想已经足以让我们吃惊了！

### 1.6.3　阿基米德羊皮书

阿基米德对数学做出了杰出的贡献，后来历史上公认的、由牛顿和莱布尼茨创立的微积分思想，据说阿基米德的著作也起了关键的作用。这就要谈到有关"阿基米德羊皮书"的传奇经历。

菲利克斯·欧叶斯是纽约佳士得拍卖行的书籍与手稿总监。1998 年 10 月 29 日星期四，对他来说是颇为不寻常的一天。那天他拍卖了不少名著：居里夫人的博士论文，达尔文《物种起源》的第一版，爱因斯坦 1905 年发表的《狭义相对论》的复印本，罗巴切夫斯基首次发表的非欧几何著作《几何原理》的第一版，等等。不过，最令他得意和激动的是一本看起来非常破旧的小开本古代羊皮书，这本书不是印刷品，是手写稿件，此物其貌不扬，品相极差，磨损不堪，布满烧焦、水渍、发霉的痕迹，但拍卖的起价却超高——80 万美元，因为它抄写的是 2000 多年前古希腊学者阿基米德的著作。

这本又破又旧的小书虽然起价甚高,但据说希腊政府立志要购回国宝,派出了官方代表参加竞拍,所以很快就将拍卖价推过了 100 万美元大关。之后,欧叶斯吃惊地发现,希腊政府碰到了非常强劲的对手:一个来自美国不愿透露身份、姓名的神秘买家,看来对此"宝物"是情有独钟、志在必得,他不停地加价,逼得希腊政府无能为力,只好放弃。最后,匿名富商用 200 万美元拍得了这本"阿基米德羊皮书"(图 1.6.5)。

图 1.6.5　用"同步辐射"还原价值不菲的阿基米德羊皮书

其实,这并不是阿基米德著作的原本,阿基米德在公元前 3 世纪亲手写的著作早已失传,这本羊皮书是公元 10 世纪时,一名文士从阿基米德原来的希腊文手卷抄录到羊皮纸上的。文士抄写后,"羊皮书"留在古修道院的书架上无人问津。没想到又过了 200 年左右,12 世纪,一名僧侣竟然翻出了这本修道院收藏的抄写稿,加以"废物利用"。他一页一页地洗去上面记载了阿基米德著作的墨水,然后,写上了他自己所钟爱的祈祷文。羊皮纸在当时十分昂贵,这种洗去原文重新利用的方法并不罕见,因此,那个僧侣看到这本厚达 174 页的羊皮书分外高兴,心想洗干净之后足够他抄写好多篇经文了。况且,阿基米德的著作恐怕当时并不为这个虔诚的僧侣所知晓,所以他才干出这种傻事。不过,幸运的是,这名僧侣没能完全洗尽遗稿上的墨水,羊皮上还留下了原稿一些淡淡的字迹。并且,一般来说,即便写字的墨水被洗去而消失了,仍将会保留一些物理的痕迹。之后几百年,这部抄本四处流落、无人知晓,不知道经历了多少磨难和风霜。

到了 1906 年，丹麦古典学者约翰·卢兹维·海贝尔，在伊斯坦布尔的一个教堂图书馆里发现了这本很不起眼的中世纪抄写的祈祷书，并且注意到了在祈祷文后面还隐约藏着一些有关数学的模糊文字。于是，好奇的海贝尔借助放大镜转录了他能看清的手稿的三分之二。

可以想象，当海贝尔发现这本羊皮书中隐藏着的散乱数学文字是 2000 年前阿基米德的著作时，是何等的惊喜。但圣墓教堂不允许他把重写本带出去，于是，在抄写了几部分之后，他让当地的一名摄影师给其余书页拍了照，他用小纸片在这些页做了标记。

后来，"羊皮书"又不知去向。据说可能被一名无耻的修道士倒卖了，最终流传到巴黎一位公务员和艺术迷马里·路易·希赫克斯的手中。20 世纪 70 年代初，希赫克斯的后人开始寻找买主。直到 1998 年，羊皮书现身纽约交易市场，以 200 万美元的价格被那位神秘的美国人购得。

这位美国人买下了羊皮书之后，把它借给了美国马里兰州巴尔的摩市的"沃特斯艺术博物馆"，以供研究。由该馆珍稀古籍手稿保管专家阿比盖尔·库恩特负责保护和破译工作。库恩特用从手术室借来的精密医疗仪器，在显微镜下小心翼翼地拆除羊皮书的装帧，清除上面的蜡迹、霉菌。然后，同约翰斯·霍普金斯大学的科学家用不同波长拍摄了一系列图像。虽然阿基米德的著作和祈祷文都是用同一种墨水写的，但是时间相差了 200 年，因此有各自特殊的痕迹，对一定的波长有不同的反应。

2005 年 5 月的某一天，斯坦福同步辐射实验室的科学家乌韦·伯格曼在读一本杂志时，得知阿基米德羊皮书的抄写墨水中含有铁，他马上意识到完全可以用他们实验室里的同步辐射 X 光来读"阿基米德羊皮书"。同步辐射 X 光不同于普通体检时使用的 X 光，它是一种用同步加速器产生出来的新型强光源，具有许多别的光（比如激光）都没有的优越性。

同步辐射是加速器中的相对论性带电粒子在电磁场的作用下沿弯曲

轨道行进时所发出的副产物,开始时高能物理学家并不喜欢它,后来才发现这是一种极有用处、亮度极高的光源。同步辐射在医疗领域广泛应用,比如辨认病毒细胞、拍摄毛细血管等,传统方法只能分辨几毫米,而同步辐射新光源则能细致到微米。于是,库恩特与伯格曼合作,将这种方法用来探测阿基米德原文使用的"墨水"中的铁粒子,终于使羊皮书露出了"阿基米德抄写本"原来的字迹。

物理学家、工程师、古籍研究者的努力使阿基米德的名著重见天日,而羊皮书被复原后的内容则令研究科学史的学者们大吃一惊。没想到早于牛顿1000多年,阿基米德就已经掌握了微积分思想的精髓。羊皮书中的《方法论》和《十四巧板》(图 1.6.6),是以前阿基米德的著作中从未出现过的。在《方法论》中,阿基米德对"无穷"概念进行了许多超前研究,他通过分析几何物体的不同切面,成功地计算出物体的面积和体积。例如,他把球体体积看作无穷个圆的相加,成功地计算了这个无穷级数之和,从而得出了正确的答案。

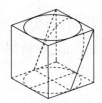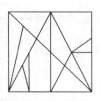

图 1.6.6 阿基米德羊皮书中的几何图形和十四巧板图

在另一篇新发现的著作《阿基米德的十四巧板》(*Archimedes' Stomachion*)中,阿基米德描述的是一个古代游戏玩具。"十四巧板"有点类似于中国民间的"七巧板",因为总共有 14 片所以更为复杂些。但阿基米德著作中的重点不是教小孩子如何用这 14 个小片来拼出各种各样的小猫、小狗、房屋、家具等有趣的实物形象,而是在进行更深刻的数学研究。阿基米德的兴趣是要讨论"总共有多少种方式将十四巧板拼成一个正方形？"据现代组合数学专家们研究的答案，并得到计算机模拟程序的验证，《十四巧板》中的 14 块小板总共有 17152 种拼法可以得到正方形。并且，这些专家们相信，《十四巧板》这篇文章是"希腊人完全掌握了组合数学这门科学的最早期证据"。

## 1.7　中国古代数学

### 1.7.1　爱因斯坦名言和形式逻辑

理性思维是走向科学的第一步。具体到中国，引用爱因斯坦论及科学为何没有起源于中国时所说的话：

"西方科学的发展有两个基础：希腊哲学家发明的形式逻辑体系（如欧几里得几何），文艺复兴时期发现通过系统实验找出因果关系的方法。"

简言之，爱因斯坦是说，科学发源于古希腊文化，是基于两个必要条件：形式逻辑体系和系统实验。爱因斯坦强调的"形式逻辑"，正是中国人比较欠缺的。

古希腊科学属于自然哲学的"思辨"模式，而中国春秋战国时期的科学是追求"实用"的实验观测模式，两者是互补的，但均不同于现代科学的"逻辑实证"模式。

根据爱因斯坦的说法，现代科学的要素有两点：一是"逻辑"，二是"实证"。古希腊和古代中国，都已经产生了逻辑，古希腊的思辨，固然少不了逻辑；而春秋战国时期的百家争鸣，各个学派也往往需要靠逻辑来取胜。欧几里得几何中的"形式逻辑体系"是西方科学发展的基础之一。什么是"形式逻辑"呢？

通俗地说，形式逻辑就是我们一般人脑海中所理解的"逻辑"。经常听见人们争论中说到"符合逻辑"或"不符合逻辑"，比如 A 批评 B："你说乌鸦是黑色的，但又说抓到了一只灰色乌鸦，你这不是不合逻辑、自相矛盾吗?"另一个例子,大家辩论张三是好人还是坏人。有人说张三利用权势贪污上亿元,当然是个坏人;但又有人认为张三孝顺父母,重视家庭,本质上是个好人。

换言之,我们对逻辑的粗略理解大概就是:一就是一,二就是二,黑白分明,没有含糊。这也就是所谓的"形式逻辑"。因此,我们在后文中,一般仅以"逻辑"一词代替形式逻辑,但在需要强调的地方,会冠以"形式"二字。

古希腊哲学家亚里士多德最先将逻辑用几条简单的规则(同一律、矛盾律和排中律三大基本规律)表述出来,使逻辑正式成为一门学科。这 3条基本原理及简单解释如下。

同一律:"A 等于 A。"解释:张三就是张三,不是别人。

矛盾律:"A 不等于非 A。"解释:张三不可能"既是张三",又"不是张三",不能自相矛盾。

排中律:"A 或者非 A,没有其他"。解释:这人要么是张三,要么不是张三,没有中间状态。

基本规律念起来有点拗口,解释后却很容易明白,但你又可能会感觉"全是废话"。

正是这些貌似"废话"的几条原则,构成了逻辑学。2000 年之后,德国哲学家莱布尼茨又加上了一条逻辑的基本规律:充足理由律。意思是说任何逻辑表述,都需要"充足的理由"。

古希腊数学家欧几里得发表的《几何原本》,开创了逻辑证明的先例,使数学从此进入公理系统逻辑证明时代。2000 年后的英国数学家乔治·布尔,建立了一系列的运算法则,利用代数的方法来研究逻辑问题,这就是我们如今所熟悉的布尔代数。

欧几里得几何的逻辑证明体系,是 2300 多年来数学的基础,也是现代科学发展的基础。布尔代数,则是在如今现代文明社会中大放异彩的数字计算及人工智能技术的基础。由此可知逻辑对科学发展的重要性。或许由于科学正是在逻辑思想的基础上发展起来，并且已经有了超过 2000 年的漫长历史，因而人们一般认为：逻辑（即形式逻辑）是与自然的客观规律一致的，是外在客观世界本身的模式。再进一步推论下去：如果一种理论不符合逻辑，违反了上述的基本逻辑规律，人们便会判定那不是一种科学的理论。

欧氏几何的意义绝不在于几何本身，而是在于它的公理化方法。就像建房子一样，基石不过是数目不多的几块砖，便支撑了一栋高楼大厦。欧氏几何从 5 条简单公理出发，使用周密严格的逻辑推导和证明，便能得出成百上千条定理来。如果稍微改动一下作为"基石"的公理，像罗巴切夫斯基和黎曼所做的那样，便意想不到地产生了另类的几何，建成了完全不同于欧氏几何的漂亮大厦！虽然在当年看起来，非欧几何不过是某种思维游戏，因为被它们描述的结果，有违人们通常看到的世界之几何常识。但之后又出乎人们意料之外，黎曼几何在广义相对论中找到了用武之地！

于是，人们惊奇地发现，逻辑，以及在其上发展出来的理性推导的方法，居然有如此巨大的威力！使用这种思维方式，可以从几条事实出发，建立起一个庞大的理论系统。如今，我们纵观现有的物理理论，从牛顿力学、麦克斯韦电磁论到相对论，几乎都遵循类似的原则，再经过大量实验或观察的验证而建立和发展起来的。对此，爱因斯坦深谙其道，因此他才会强调逻辑是西方科学发展的基础之一。

### 1.7.2　辩证逻辑

然而，当你更深一步考查形式逻辑，会发现它并非完美无缺，而是有许多矛盾之处。形式逻辑遵循"非此即彼"之类的逻辑法则，但事实情况往往并非如此。世界并不是"非黑即白"那么简单的，如果绝对不允许有自相矛盾的情况出现的话，这种逻辑必然不能正确地反映世界的客观规律。举一个简单的例子,现实生活中,我们都觉得很容易区分"孩子"和"成人",但仔细一想并不尽然,如果没有给出一个年龄界限的话,你说谁算孩子谁算成人呢?即使规定了一个年龄界限,也并不能准确地反映一个人在成长过程中的客观身体差异,因为身体的变化是因种族、环境等条件而不同的,也是因人而异的。

再举另一个例子,如果说到"科学的诞生",从形式逻辑的观点,你首先需要定一个科学诞生的"判据",定义好什么是科学,或者说你得规定某个时间,某年某月某日某时刻,科学诞生了。在此时刻之前没有科学,诞生之后才能谈科学。但是,这些都是难以实现的,因为科学是逐渐产生的,很难如同女性"十月怀胎一朝分娩"那样,有一个精确的诞生时刻。因此,在讨论此类问题时,便往往会被质疑为说法"不符合逻辑"。

尽管逻辑学家们可以辩解说,逻辑只是一种"抽象和升华"了的思维方法,仅此而已,不用太较真,但根据人们的日常经验,总感觉这种思维过程一定少了点什么,于是,另一种与形式逻辑不同的辩证逻辑思想便应运而生。

辩证逻辑的基本特征是把事物看作一个整体,从运动、变化及相互联系的角度来考察事物。不同于形式逻辑的"非此即彼",而是认为"你中有我、我中有你",任何事物都能一分为二,对立面并非绝对的,它们可以在一定的条件下互相转化。

### 1.7.3 中国人的思维特点

历史上,许多文明中都有比亚里士多德创立的形式逻辑更为复杂的推理系统,它们中包含着原始的辩证思想。公元前 6 世纪的印度、公元前 5 世纪的中国和公元前 4 世纪的希腊,都存在古典辩证逻辑的例子。例如,古代印度哲学家用辩证的思想来探讨生与灭、有与无、同与异等对立概念之相互关系。古代中国哲学家的思维方法,除墨子之外,几乎是往辩证方向"一边倒"。《老子》说"有无相生，难易相成，长短相形，高下相倾"；《庄子》说"彼出于是，是亦因彼"。这些充分反映了古代中国哲学家崇尚辩证的特殊风格。马克思曾说古代中国文明是"早熟的小孩"，不知是否与此特征有关。

古文明中虽然不乏辩证思想，但直到 18 世纪德国哲学家黑格尔才正式用"正、反、合题，否定之否定"等概念，提出较完备的辩证逻辑体系并加以总结。其实，如今看来，辩证逻辑不过是形式逻辑突破自己的限制和自我否定而将"逻辑"这一概念扩充的结果。要正确地理解辩证逻辑，首先必须学习形式逻辑。就像恩格斯将两者比喻为初等数学和高等数学的关系那样，如果连初等数学都不懂的话，又何以妄谈高等数学呢？

辩证逻辑认为"亦此亦彼"。如在原来的形式逻辑中，张三不是好人就是坏人，非此即彼，但辩证逻辑认为张三可以既是好人又是坏人。打个不一定恰当的比喻：形式逻辑有些类似经典物理，而辩证逻辑有点像代表了量子物理中的观点：光和其他基本粒子，都既是粒子又是波，具备波粒二象性，此外，也颇像那个令人恐怖的"既死又活"的薛定谔的猫！

难怪爱因斯坦始终无法认可量子力学中"二象性"的说法，更不接受哥本哈根的诠释，尽管他自己就是量子理论的创始人之一。爱因斯坦的思路完全是经典的、形式逻辑的，也正因为如此才有了物理界著名的世纪论战。

对量子理论的深刻认识，也许能激发人类思维过程的再一次突破。或者可以猜测：辩证逻辑未来的进一步发展和完善，有可能将人类对思维过程及客观规律的认识上升至新的高度，从而有可能解决量子力学中诸如"薛定谔的猫"之类的"佯谬"。

大家都熟悉芝诺悖论。古希腊对辩证思维的认识，主要表现在论辩术中，其中芝诺所在的爱利亚学派是主要代表。当年的希腊哲学家们热衷辩论的问题之一是世界的本源问题，也就是前文谈及的泰勒斯及其弟子们探索的问题。爱利亚学派的领袖人物是芝诺的老师巴门尼德,巴门尼德认为万物本源是永恒静止的实体"一"。芝诺为了捍卫老师的理论而进行"狡辩",认为"多"和"运动"都只是表象。为了论证这点,芝诺提出四个悖论。其中最著名的是"阿喀琉斯追乌龟"和"飞矢不动"悖论。

从哲学的角度看,芝诺悖论本身是一种辩证思维,揭示了人们思维中一些似是而非或似非而是的矛盾现象。

有趣的是,芝诺为了否定"运动"而绞尽脑汁想出的悖论,却没有达到否定运动的目的,也不可能达到其目的。因为事实上,空中的箭的确在飞行,阿喀琉斯也必定能追上乌龟。不过,从辩证法的观点看,芝诺悖论开创性地揭示了运动本质中隐藏着的矛盾:在任何时刻,运动的物体存在于空间的某一点,但又因为"移动"而不在这一点!运动本身正是由于矛盾双方的对立统一而产生的。距今 2500 年前的芝诺悖论,体现了令人惊奇的辩证思维,所以,亚里士多德和黑格尔都称芝诺是历史上第一位辩证法家。

芝诺悖论涉及极限概念,后面谈到微积分时还会讨论。

中国古代也曾经有过类似于古希腊那样一段思想活跃、科学萌芽的阶段,在《墨子》一书中有所记载。墨子所处的时期比古希腊时代稍晚。《墨子》一书由墨子的弟子们记录、整理、编纂而成,其中对光学、力学方面的物理概念有所阐述。

然而,古希腊文化最终孕育了现代科学,而其他文化中的科学成分却走向了衰落和中断,这其中的缘由是多种多样的,有偶然也有必然。

辩证逻辑和形式逻辑各有所长,但是,形式逻辑是基础,走向辩证可算是锦上添花。缺乏形式逻辑的辩证会流于"狡辩"。

科学离不开数学,爱因斯坦的说法肯定了这点。而数学的内容不只是计算和证明,它也不仅是作为科学的语言和工具,更为重要的是:数学是思想,是理性精神,是能给予科学精密性和严格性的形式逻辑。

中国古代并不是没有数学，而是没有基于精密思维的形式逻辑体系。中国人脑袋中虽然不乏解决具体数学问题的小技巧，但却缺乏大范围的数学思想。

二进制的发明是一个例子。据说古代中国人早就注意到世界的二元现象，并发展出阴阳哲学体系。但关键问题是，古代中国人的二元概念仅从哲学推广到了玄学，未曾抽象提升到形式数学思维之高度，更未发展成精确的布尔代数一类的逻辑体系。这是我们的遗憾，也是值得我们反思的地方。这个例子也说明了，数学中逻辑思维的方法远比具体的数学计算重要。

古希腊科学的特点是不拘一格、自由思辨，这种多少有点"不食人间烟火"的特色，需要某种贵族文化的支撑，换言之，古希腊科学是吃饱了饭衣食无忧的贵族们"玩"出来的。无独有偶，中国的春秋时期也崛起了一个特殊的阶层——"士"，指的是一批凭自己的知识和技能维持生计的人物，可算是中国知识分子阶层的老祖宗。他们原本来自不同的社会环境，有衰落的贵族，也有普通的庶民，因而在思想方面敢于创新，并有相对的自由和独立性。他们不仅具有杰出的智慧，是著名思想家、政治家或科学家，而且兴教育、重学问，广收门徒，聚众讲学。其代表人物便是历史上所谓的"诸子"，如孔子、孟子、墨子、庄子、荀子、韩非子等。他们各自著书立说，提倡百家争鸣，形成了道家、儒家、墨家、法家等学术流派，即为"百家"。

基于中国文化的传统特点，各家学派的基本宗旨大多是为所服务的国君提供政治策略。学者们周游列国，为各方诸侯出谋划策，例如，儒家的"仁政"，道家的"无为而治"，法家主张"废私立公"，墨家的"兼爱"，各有所长，但最终目的都不外乎是稳定民心，打败敌人，立国兴邦，一统天下。

不过，宽松的政治环境和言论自由有利于科学技术及数学的发展。况且，这些学科包括数学，都大有"用处"，能促进农业的发展，有利于国计民生,当然也有利于统治阶层。因此,可以说,春秋战国时代,在物理、天文、数学等方面,中国人也有了之后上千年都难以超越的辉煌成果。

众所周知,东西方文化是不同的。中国人与西方人在人生观、价值观、家庭观、教育方式、文学艺术、心理素质、道德伦理、处世哲学等方面有很大的差异。究其根源,这些差别很大程度上是来源于思维方式的不同。中国人的思维方式基本上属于直观的形象思维,而西方人更重视逻辑思维。从逻辑学角度来看,中国人更偏向于辩证逻辑,而西方人更偏重形式逻辑。

辩证逻辑和形式逻辑都需要,但是,笔者认为,形式逻辑是基础,不可或缺。例如,孩子学步一定是从"走"开始,然后才能学会"跑"。又如,学高等数学固然好处多多,但首先需要把初等数学的基础打好,否则不可能真正掌握高等数学。因此,换言之,古代中国人的思维方法貌似辩证有余,但却独缺形式逻辑。

为什么古代中国人的思维方式会有这种发展现象呢?这应该有其历史根源。

回溯到古代中国,即中国的春秋战国时期,基本是与欧洲同时产生了形式逻辑。在《墨经》中,对于逻辑已有了系统的论述。一般认为,古代中国的墨家逻辑、古希腊的亚里士多德逻辑、古印度的因明逻辑,并称为世界古代(形式)逻辑三大源流。

墨家活跃的年代比亚里士多德时期还要早几十年,但他们已经对逻辑学的基本定律有所认识。如:

同一律:"彼此可,彼彼止于彼,此此止于此。"

矛盾律:"彼此不可,彼且此也,此亦且彼也。"

排中律:"彼此亦可,彼此止于彼此,若是而彼此也,则彼亦且此,此亦且彼也。"

充足理由律:"以说出故""故,所得而后成也"。

《墨子》中的"墨辩"是建立在科学精神之上的形式逻辑体系，但是，与中国古代尚未萌芽的科学种子一样，随着"罢黜百家，独尊儒术"的提出，墨家逐渐销声匿迹，形式逻辑在古代中国的发展也陷入停顿。逻辑思维推理的方法是构建科学理论框架的必要条件。这就是为什么中国在几千年的封建社会中，不乏工匠技术型的发明，却鲜有自创的科学理论。

所以，中国科技人士很有必要学习一点数学史，探索数学及科学的根本精神，方能逐步克服自身思维方法之不足。

### 1.7.4 古代中国的算学

古代的东西方皆有早期数学的诞生和发展，可谓彼此独立各有千秋。本节探索一下中国古代数学之特点并与古希腊作一简单比较。

上次谈到阿基米德计算球体积的故事，中国的祖冲之和其子祖暅也得到过同样结果，但晚了约 700 年。不过他们使用的方法，即三国时代的刘徽首先提出、后来被称为"祖暅原理"的方法，却比西方掌握同样原理（卡瓦列里原理）早了 1000 多年。

祖暅原理说（图 1.7.1）："幂势既同，则积不容异。"即如果所有等高处的截面积都相等，则两个立体的体积必相等。也就是说，比较两物体截面，可以从已知物体之体积计算另一物体之体积。祖暅原理不失为一个十分巧妙的方法，但它更像是一种计算体积的具体作法，距离积分的思想稍远。

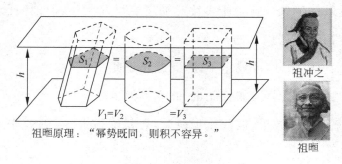

祖暅原理："幂势既同，则积不容异。"

祖冲之

祖暅

图 1.7.1 祖暅原理

实际上,中国古代数学的本质就是"计算"。祖冲之是中国古代最伟大的数学家之一,他的最大贡献就是将圆周率的结果计算到了小数点后第七位。祖冲之的天文成就包括计算和测量回归日及月球绕地周期,其结果与现代数据相差无几,由此月球上一个火山口,被学界命名为"祖冲之火山口"。

古代中国数学与古希腊数学的另一区别是对数学发展的推动力。古希腊人视数学为爱好和游戏,有时候或许夹杂一定的宗教因素。而古代中国独尊文史轻视数理,因此数学发展的驱动力基本上只是"实用"。古代中国社会的客观现实,人们脑海中根深蒂固的"学以致用"的传统观念,使得中国古代数学呈现的最大特点是"实用是目的,计算为核心"。这也就是为什么有人说中国古代并无"数学",只有"算学"的原因。

因此,中国古代数学的主要特点是算学,《九章算术》可见一斑。所谓"九章",指的是九个分类标题:方田、粟米、衰分、少广、商功、均输、盈不足、方程、勾股。其中不少题目都是直接取自"实用"于实际需要的具体计算,例如,"方田"用于田亩面积,"粟米"用于粮食交易,"衰分"用于分配比例,"商功"用于工程,"均输"用于税收,等等。实用,是此书之主要目标。

而究其内容,《九章算术》列举计算了大量复杂问题。九种分类的 246 个问题和 202 个"术"中,有多种线型和圆型几何图形。这些"术"和问题,包括算体积、算面积、算开平方、算开立方、算方程的解,还有应用勾股定理解决问题的各种算法等。从这些例子不难看出其"以计算为核心"的特点。

算学也有它先进发达的一面,并非完全没有理论,中国古代数学也有不少密切联系实际的理论,比如与算法相关的推理证明等。中国古代的许多算法,稍加改变就可以用到现代的电子计算机上。据说二进制思想也起源于易经中的八卦,早于德国数学家莱布尼茨 2000 多年。

古代中国算学具有独创性,自成一个完整体系,可总结成"实用性、机械化、代数化"三大特色。中国算学当时也影响到一些周边国家的数学发展，如日本的和算、朝鲜的韩算，以及越南、琉球的算学等。

古代中国数学的机械化思想，与古希腊数学的公理化思想，是数学发展过程中的两套马车，都促进了数学的发展。古希腊以几何为主，古代中国多用代数方法，几何比代数更容易公理化，代数比几何更容易发展成机器算法。几何直观形象易于被众人接受，代数在非专业人士眼中则显得枯燥，可以说两者各具优缺点。

但从历史发展之事实而言，两套马车命运不同。如爱因斯坦所言，西方公理化思想有幸与"实践精神"相结合，最后诞生了现代科学。人类在科技发展的基础上，发明了现代计算机，后又发展了比当年古代中国数学中的算法高明不知多少倍的各种计算机语言和算法。而古代中国的算学则命运不佳，只在算盘这样的工具上施展功夫，历经上千年没有突破而难以发展。

其实，微积分的出现也是直接来源于物理和工程方面的需求，但那是科技理论上的需求，并非古代中国小工匠式技术发展的需求，也不同于那种被利益所驱动的"实用"之需求。中国古代数学，过分拘泥于直接使用而企图快速得利，不重视理论思维，不重视抽象的数学观念和数学体系，函数的概念都没有抽象出来，更无法发明微积分理论了。

过去以为中国是数学大国，中国学生的数学基础也的确令美国人刮目相看。然而，当我们细究一下历史，才明白古代中国应该被称为"算学大国"，算学可能已经被淘汰，但古人的计算能力却一脉相承被我们继承下来。这对个人而言，既是优点也是缺点，了解一点历史，让我们以史为镜、以古为鉴！

### 1.7.5 中国数学鼎盛期

古希腊数学衰落后通过阿拉伯传到欧洲的那段时期，正好是中国数学家刘徽、祖冲之等活跃的时候。这两个分支在各自的跑道上独立发展,没有太大的关联。

在罗马帝国与欧洲中世纪,数学的自由精神受到限制,而中国古代数学却在 13 世纪(宋朝)时达到了巅峰。

不过再到后来,情况又逐渐走向反面,中国的封建社会和中央集权遏制了学术的发展,学术水平非但不进步反而巨大倒退,文化专制和盲目排外使得数学及科学均逐渐落伍。

反观 16 世纪的欧洲,工业、农业、航海业大规模发展,文艺复兴运动蓬勃开展使欧洲进入了一个数学发展的新纪元。力学、天文学发展的需要为微积分的诞生准备好了基础。

### 1.7.6 中国剩余定理

"韩信点兵,多多益善"是一个成语,也涉及中国古代一个著名的数学故事。秦末楚汉相争时,韩信率领 1500 名将士,但第一次战斗后损失了三四百名将士,于是,他急速点兵准备迎接下一场战斗。他的方法与众不同、别出心裁。他命令士兵每 3 人排一排,发现最后多了 2 名,如每 5 人排一排则多 3 名,每 7 人排一排,又多出 2 名。然后韩信立即得出了他的兵员数是 1073 名。

这个数学问题的学术版名字叫作"中国剩余定理",是我们中国古代数学贡献于世界的最光辉一篇并享誉世界,对数论研究、密码学及通俗如程序设计都有意义。

这道题最早出现在 1000 多年前的《孙子算经》中(图 1.7.2),既不叫韩信点兵,也不叫中国剩余定理,并且孙子算经与孙子兵法也无任何关系。

它只是当时一道不太起眼的叫作"物不知其数"的算术题:"今有物不知其数,三三数之剩二,五五数之剩三,七七数之剩二,问物几何?"翻译成现在使用的数学语言:一个数除以 3 余 2,除以 5 余 3,除以 7 余 2,求这个

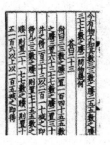

图 1.7.2　孙子算经

数。比较聪明的小学生立刻能凑出来一个数：23,检查一下也的确符合题目所给的 3 个条件。

我说 23 是凑出来的,因为 23 是很小的数! 对这种简单情况我们可以使用列举法：

除 3 余 2 的数：2,5,8,11,14,17,20,23,26,…

除 5 余 3 的数：3,8,13,18,23,28,…

除 7 余 2 的数：9,16,23,30,…

满足这 3 个条件的共同数是"23",所以便得到了答案。

不过眼尖的读者会发现这个结果并不适合韩信点兵,兵数太少了! 韩信的兵至少 1000 名啊。不过这个问题有不止一个答案,事实上,答案(通解)可以写作：$23+3×5×7×t=23+105t$,其中 $t=0,1,2,…$。由此可以得到在任何整数范围问题的答案。例如,如果设 $t=10$,便得到了韩信的答案。

上面的分析虽然简单,却可以悟出几条此类问题的共同特点：

①答案需要满足 3 个条件；②答案不止一个,可以加上被除数的公倍数的倍数；③公倍数很重要。

除公倍数之外,还有几个重要的数,继续看看我们古人的智慧。明朝有位数学家叫程大位,出身商家的程大位因商业上的需要,对数学(特别对珠算)很有兴趣,他用四句诗概括这个问题的解决方案(图 1.7.3)。

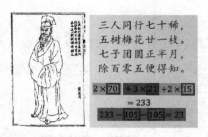

图 1.7.3　程大位的诗解决"物不知数"问题

三人同行七十稀：把除以 3 所得的余数用 70 乘。

五树梅花廿一枝：把除以 5 所得的余数用 21 乘。

七子团圆正半月：把除以 7 所得的余数用 15 乘。

除百零五便得知：把 3 个积相加，减去 105 的倍数，所得的差即为所求。

列式为：$2 \times 70 + 3 \times 21 + 2 \times 15 = 233$，　$233 - 105 \times 2 = 23$。

为什么 70、21、15、105 有如此神奇作用？ 70、21、15、105 是从何而来？

这几个数的性质：70 除以 3 余 1，被 5、7 整除，所以 $70a$ 除以 3 余 $a$，也被 5、7 整除；21 除以 5 余 1，被 3、7 整除，所以 $21b$ 除以 5 余 $b$，也被 3、7 整除；15 除以 7 余 1，被 3、5 整除，所以 $15c$ 除以 7 余 $c$，被 3、5 整除。而 105 则是 3、5、7 的最小公倍数。

总的来说：$70a + 21b + 15c$ 是被 3 除余 $a$，被 5 除余 $b$，被 7 除余 $c$ 的数，这个数如果大于公倍数 105，便逐次减去直至得到 23。

因此，一个数学难题的意义在于得到它的通解以及进一步的推广。前面我们说"物不知数"问题的提出是《孙子算经》，后来程大位给出诗作为解答。这里我们没有谈及两者的时间差异：孙子算经是中国南北朝时期（大约公元 5 世纪），程大位（1533—1606 年）是明朝人，到了 16 世纪，相差 1100 年。其间当然还有中国古人研究过这个问题，主要的是宋朝数学家秦九韶。程大位只是写了流传甚广的四句诗，秦九韶才是对"物不知数"问题作出完整系统解答的人，载于 1247 年秦九韶的《数书九章》中，从而使这一问题变为了定理。再后来，《数书九章》由伟烈亚力在 19 世纪初译为英文，德国数学王子高斯在 1801 年对此类问题提出最早的完整系统解法（图 1.7.4）。

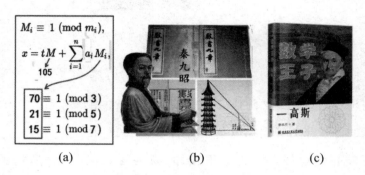

(a)　　　　　　　　(b)　　　　　　　　(c)

图 1.7.4　中外数学家与"物不知数"

(a) 物不知其数的通解；(b) 秦九韶和《数书九章》；(c) 高斯系统解决同余问题

这个物不知其数的题目，推广成"中国剩余定理"是这么说的：

设 $m_1, m_2, \cdots, m_k$ 是 $k$ 个两两互素的正整数，则对任意的整数 $b_1$，$b_2, \cdots, b_k$，同余式组

$$\begin{cases} x = b_1 \pmod{m_1} \\ x = b_2 \pmod{m_2} \\ x = b_k \pmod{m_k} \end{cases}$$

有唯一解，其解可表示为

$$x = \sum_{i=1}^{k} b_i M_i M_i' \pmod{m}$$

其中，整数 $M_i'(1 \leqslant i \leqslant k)$，满足 $M_i M_i' = 1 \pmod{m_i}$。

中国剩余定理成为数论中关于一元线性同余方程组的重要定理，说明了一元线性同余方程组有解的准则以及求解方法。

### 1.7.7　古中国的"方程术"

前文介绍的"韩信点兵"（物不知数）问题，来自《孙子算经》。该书中还

有很多有趣的数学问题,比如鸡兔同笼就是一个几乎人人皆知的著名数学题。"鸡兔同笼,头共 10,足共 28,鸡兔各几只?"设鸡 $x$,兔 $y$:$x+y=10$,$2x+4y=28$,加减再消元,便可求得答案为 4 只兔 6 只鸡。这个问题非常简单,但代表了代数中的一大类问题:$n$ 元一次方程组。具体对这道鸡兔同笼问题,就是解一个二元一次方程组。

二元($n=2$)的意思是有 $x$ 和 $y$ 两个变量,"一次"是说只包含变量的 1 次项,说明方程是线性的。本题的方程组中有两个方程,才能解出两个变量。

中国古代数学著作中比较有名的,除 6 世纪的《孙子算经》之外,还有早好几百年的《九章算术》。就成书的年代及篇幅而言,它们可以与古希腊数学相媲美。但中国数学书的特点是演绎和定理比较少,用现在的标准看不像教科书,更像是习题集和答案,再加上有关解题方法的一些叙述。这是因为中国古代数学轻演绎重应用。另外,就是古希腊数学的重点是几何,古中国数学有更为浓郁的代数色彩,更像是 7～8 世纪的印度或阿拉伯的数学。

在《九章算术》中,第八章"方程术"的第一道题目,就是解一个三元一次方程组(图 1.7.5)。3 个未知数,比鸡兔同笼问题多了一元,更为复杂一点。

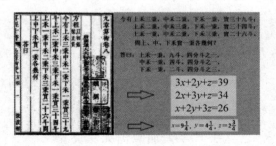

图 1.7.5 《九章算术》"方程术"中的代数题

将《九章算术》中这道题的叙述,翻译成现代语言:

（1）有上等稻 3 捆、中等稻 2 捆、下等稻 1 捆，打出 39 斗米；

（2）有上等稻 2 捆、中等稻 3 捆、下等稻 1 捆，打出 34 斗米；

（3）有上等稻 1 捆、中等稻 2 捆、下等稻 3 捆，打出 26 斗米；

问：每一捆上等稻、中等稻、下等稻，各能打出多少斗米？

我们可以用现有的代数方法解这道题：令 $x$、$y$、$z$ 分别代表上等稻、中等稻和下等稻各 1 捆所能打出的稻米斗数，然后列出如图 1.7.5 所示的三元一次联立方程组，经过分离变量和消元过程，便能得到图 1.7.5 所示的 $x$、$y$、$z$ 数值。

《九章算术》中的答案与现代方法解出结果一致。其中对分数的文字表述很有趣，读后也情不自禁为我们 2000 多年前祖先的智慧而点赞。

解出答案的方法，古代称为"方程术"。其中的关键算法，实质上就是我们今天所使用的"消元法"，或称"高斯消去法"，但近年国际上有人改变称谓，如法国科学院院士 P. 加布里埃尔（P. Gabriel）在他撰写的教科书中就称解线性方程组的消元法为"张苍法"。

这不是一个简单的称谓改变，要知道，从张苍到高斯，已经相差了近 2000 年！这足以表明 2000 年前古代中国的数学水平。

张苍的年代稍后于阿基米德，大约是公元前 200 年的人士，阳武（今河南原阳）人。他不仅是西汉时期"以善算命世"的数学家兼天文学家，又是西汉的开国功臣，并且官至丞相十几年，他的政治声誉大于科技名声。在数学方面，他是《九章算术》的作者和编辑者之一（图 1.7.6）。

《九章算术》的"方程术"一章包括联立一次方程组的解法和正负数的加减法，在世界数学史上是第一次出现。"方程"的地位相当于今天的线性方程组。"方程术"之算法与今天加减消元法完全一样。这确实是中国古代数学一项了不起的成就，可以说大大超过中国剩余定理的意义，但是剩余定理融入了世界数学之中，方程术却只在中华文化中昙花一现。尽管它

图 1.7.6 张苍和《九章算术》

也许解决了农业生产等活动中的实用计算问题,但在闭关自守的环境下不被重视,无进一步的理论研究,最后被淹没而鲜为世人所知。

《九章算术》中,对于开平方术、开立方术,叙述非常详尽,在当时也是很先进的方法。"方程术"与"开方术"相结合,后来又发展了高次代数方程的"天元术"(图 1.7.7),可以解出二项二次方程、二项三次方程,或更高次的方程,在数学的发展中也有重要地位。此是后话不表。

相当于:$x^3+336x^2+4184x+2488320=0$

图 1.7.7 用符号表示的"天元术"的三次方程

## 1.7.8 古代中国女数学家

• 东汉班昭

古希腊的希帕蒂娅是公认的第一位女数学家,但早于希帕蒂娅 300 多年,中国东汉时期也出过一位才女班昭,班昭的主要成就是修史和教书,以"东汉曹大家"(夫家姓曹)闻名于学界。但她在修史过程中,运用了丰富的数学知识,所以也可以算是中国最早的女数学家。

班昭(约 49—120 年)名姬,字惠班,出身官宦和文史学术之家,父亲班彪为《史记》续篇,长兄班固主修《汉书》,次兄班超出使西域。《后汉书》给四人都列了传,足见班家当时的影响力。

后来,班昭继承父兄遗志,完成了《汉书》中八表和《天文志》的最后部分。她整理补撰了八表,又撰写出《天文志》,使得《汉书》能大功告成。

班昭在编辑的《古今人表》中,把 1587 个人物的名字按自己设定的品德等级,排列在一个类似现代矩阵的网格中,人物的 9 个品德为一维,年代为另一维。就品德而言,班昭用了"上中下"3 个汉字,将人分为"上上、上中、上下;中上、中中、中下;下上、下中、下下",经过排列组合定义了 9 个等级。每个人物则可放进"品德"和"年代"两个数所确定的一个位置。这样的数学思维方法在当时是独具一格的,令人赞叹。

班昭编制八表,撰写了《天文志》。这些工作中除需要搜集整理资料外,还要求作者的数学知识和修养。故称班昭为数学家毫不为过,金星上的一个陨石坑便以她的名字命名。

- 清代王贞仪

"尝拟雄心胜丈夫",这句诗出自中国清朝一位女数学家王贞仪(图 1.7.8)。

你可能没听过这位女数学家,但她在世界上却有一定的知名度:金星上就有一个以她命名的撞击坑,还有一颗小行星也以她命名。

王贞仪,字德卿,生于江宁府(今江苏南京),祖父宣化太守王者辅热爱读书,据说有藏书七十五橱,且精通历算,著述颇丰,父亲王锡琛科举不中,转而学医,精通医术。出身于如此家庭,自小聪明好学、喜爱读书的王贞仪,从祖父学习天文,从祖母学诗词,父亲则教她医学、地理和数学。后来她又随同祖母和父亲去过北京、陕西、湖北、广东和安徽等地,游览名胜古迹,见闻颇多,也接触到不少社会。25 岁时和安徽宣城的一个叫詹枚的青年结了婚,没有孩子,并且不幸于 29 岁时英年早逝。

图 1.7.8　有关王贞仪的书和视频

王贞仪只活了短短的 29 年,但却留下不少著作。

数学著作有《西洋筹算增删》《重订策算证讹》《象数窥余》《术算简存》《筹算易知》《勾股三角解》等。

文学作品有《德风亭诗钞》和《德风亭集》。

天文学书籍有《岁差日至辩疑》《盈缩高卑辩》《经星辩》《黄赤二道解》《地圆论》《地球比九重天论》《岁轮定于地心论》《日月五星随天左旋论一、二、三》《月食解》。

从她遗留下来的著作可以看出,她是一位从事天文和筹算研究的女数学家。

据说她曾积极宣传阐释哥白尼的日心说,这在当时十分难能可贵。她用自己的独立见解来诠释"天圆地方",并对日月食的成因做出了通俗易懂的解释。她还对岁差的成因、测量和计算做出贡献。

她写过一本介绍西方"算筹"的书。算筹是一种棒状的计算工具,其作用类似算盘。应用"算筹"进行计算的方法叫作"筹算"。17 世纪初叶,英国数学家纳皮尔发明了一种算筹计算法,明末介绍到我国,也称为"筹算"。清代著名数学家梅文鼎、戴震等人曾加以研究,还短暂地形成了一个安徽数学学派。王贞仪祖籍安徽,当年是这一学派的主要成员之一。她研究由西洋传入中国的这种筹算,并且写了三卷书向国人介绍。王贞仪思想开放，主张取中西算法之优点。对此，她在《勾股三角解》中有一段十分精彩的论述："中西固有所异，而亦有所合。然其法理之密、心思之微，而未可以忽视。夫益知理求是，何择乎中西？唯各极其兼收之义。"

王贞仪酷爱天文，喜欢自己动手，她把屋顶横梁上悬挂的水晶灯当作太阳，小圆桌当作地球，圆形的镜子当作月亮。根据天文学原理，她一边移动这三个物体，一边不断地观察它们的相对位置和造成的现象，终于弄清了日月食的原理。她写了《月食解》一文，精确地阐释了月食发生的时间、食分深浅等知识，语言浅显直白，还有配图。王贞仪在她的另一部著作《地圆论》中，揭示了"相对空间位置的概念"，即宇宙没有上、下、正、反之分，以此批驳流传了数千年的天圆地方之说。

她颇有文才，能写诗填词绘画。"峰势长江蠹，涛飞天外声。潜虬能护法，徵士独留名""始信须眉等巾帼，谁言儿女不英雄？"皆是她的诗句。

# 2　数学危机

"此道从来信不疑，安行何处履危机。"——[宋]程端蒙一个国家或地区的经济会发生"经济危机"，没想到数学这种象牙塔中的理论研究也会发生危机。历史上的数学危机有三次，它们与数学发展密切相关。

## 2.1　第一次危机

第一次数学危机发生于古希腊时代。古希腊的泰勒斯被学界誉为第一位数学家，他第一次将"证明"的思想引入，为数学注入理性精神。古希腊的思想家们追溯万物之源，思想活跃、不落俗套、敢于出新。各种灵巧怪异的想法纷纷涌现出来，听起来令人感觉妙趣横生。如泰勒斯认为"万物皆水"，他的一位学生主张"万物皆气"，另一位学生认为万物起源于某种虚无缥缈不定形的东西……

### 2.1.1　希帕索斯发现无理数

毕达哥拉斯学派则信奉万物皆数，更为准确地说，是认为万物皆"整数"或整数的比值。毕达哥拉斯将宗教、政治、学术合而为一，在整数的框架下研究几何、算术、天文和音乐，并在其中追求宇宙和谐统一的规律。他认为所有的几何量都通约，都可以用整数表示出来。谁知好景不长，毕达哥拉斯的一位学生希帕索斯发现了 $\sqrt{2}$ 这种无法用整数或整数之比来表示的数（之后被称为"无理数"）（图 2.1.1）。

事实上，从毕氏学派证明了的勾股定理，是很容易发现无理数的。一个边长为 1 的正方形，其对角线便不能与边长通约，长度记为 $\sqrt{2}$。类似情形还有很多：面积等于 3、5、6、…、17 的正方形的边，与单位正方形的边也

图 2.1.1　发现无理数的希帕索斯

都不可通约。无理数的存在逐渐成为人所共知的事实。$\sqrt{2}$ 与 1 不可通约，可以用如下反证法证明：

设 $\sqrt{2}=\dfrac{m}{n}$，$m$、$n$ 互质，没有公因子，

两边平方化简，得 $m^2=2n^2$，

$\Rightarrow m$ 是偶数。

设 $m=2s$，$s$ 是正整数，

那么 $2n^2=4s^2$，$\Rightarrow n^2=2s^2$。

$n$ 也一定要是偶数，

$m$、$n$ 都是偶数。所以 $m$、$n$ 有公因子 2，

和假设 $m$、$n$ 互质相矛盾，

所以假设不成立。

无理数的发现，对于信奉整数的毕氏哲学是一次致命的打击。因此，据说当时他们将这些事实严格保密，缄口不言，却不想被不识时务的希帕索斯给说了出来！唉，别无他法，只有将他丢到海中喂鱼，才能解除同窗学子们的心头怨恨。

不过是发现了一种不能通约的数而已，有这么严重吗？情况的确挺严重的，因为如果存在不可通约的线段，就没有公共的量度单位，便不能将"点"看作有长度的东西，毕氏学派"万物皆（整）数"的哲学思想立刻分崩离

析,建立于美妙的整数之上的和谐宇宙也轰然倒塌了！毕氏学派证明的几何命题、他们关于相似形的一般理论,都局限在可通约的量上。人们自然便怀疑：数学作为一门精确的科学是否还有可能？宇宙的和谐性是否还存在？

因此,无理数的发现,引起了第一次数学危机。

### 2.1.2 极限概念的危机

没过多久,生活在另一个古希腊城邦爱利亚的芝诺,又提出了几个怪怪的、似乎扯不清楚的"悖论",更加深了人们的危机感以及对美好和谐世界的担忧。

芝诺悖论原来的目的是支持他老师"存在不动"的哲学观点,是反对运动存在的几个哲学论证。有趣的是,芝诺为了否定"运动"而绞尽脑汁想出的悖论,却没有达到否定运动的目的,也不可能达到其目的。因为事实上,空中的箭的确在飞行,阿喀琉斯也必定能追上乌龟。不过,从辩证法的观点来看,芝诺悖论开创性地揭示了运动本质中隐藏着的矛盾：在任何时刻,运动的物体存在于空间的某一点,但又因为"移动"而不在这一点！运动本身正是由于矛盾双方的对立统一而产生的。距今 2500 年前的芝诺悖论,体现了令人惊奇的辩证思维,所以,亚里士多德和黑格尔都称芝诺是历史上第一位辩证法家。

芝诺悖论涉及极限概念,随之而产生的是极限概念的危机。古希腊时代,芝诺提出的几个著名悖论,率先揭示了无限和连续等概念所引起的人类认识上的困惑,亦为极限思想的萌芽。

大约比芝诺晚 100 年,中国春秋战国时代的庄子提出"一尺之棰,日取其半,万世不竭"(图 2.1.2),可以说这句话已经包含了现代数学中无限数列收敛的概念。"万世不竭",说明序列是无穷的,但加起来仍然只是"一尺之棰",则说明了该无穷级数的收敛性。

图 2.1.2　极限思想的萌芽

芝诺提出的飞矢不动悖论："飞行的箭是静止的。由于每一时刻这支箭都有其确定的位置,因而箭是静止的,不能处于运动状态。"

无独有偶,中国古代的名家惠施也提出过,"飞鸟之景,未尝动也",说法十分类似。这个悖论不难用现代物理学的观念来解释:运动是依赖于两个时间点的,"飞行的箭"除位置之外还有速度,所以箭必须是运动状态。

虽然极限和无穷的思想在古希腊和古代中国都已经萌芽,但理论的完善却是到了 19 世纪的事。极限概念是微积分学中最初的也是最重要的核心概念,因此,芝诺悖论最终解决得归功于法国数学家柯西和德国数学家魏尔斯特拉斯的卓越工作,即解决了第二次数学危机之后。

但芝诺悖论提出时间是古希腊,正值毕氏学派的整数危机之时,加深了人们的数学危机感,也启发了数学家们对极限概念的思考。

事实上,直到现在,数学家们对与极限相关的"实无穷、潜无穷"概念,仍然有所争执,可见极限概念的深奥,以及"无穷"在人类思想进展中造成的混淆。深入剖析芝诺悖论,可加深对极限概念发展和完善过程的理解。

例如,芝诺阿喀琉斯追龟悖论当时涉及的是收敛级数,如果考虑不收敛的调和级数,芝诺的悖论可以被如下叙述:

阿喀琉斯始终比乌龟跑得快,但它们的速度不是固定的,按如下规律变化:乌龟开始时领先 1,之后,阿喀琉斯走完这 1,乌龟前进 1/2;阿喀琉斯再走完这 1/2,乌龟前进 1/3;阿喀琉斯再走完这 1/3 后乌龟又前进 1/4……如此无限地进行下去,阿喀琉斯和乌龟之间永远保持一段距离。并且,虽然调和级数 $1+1/2+1/3+1/4+\cdots\cdots$ 的每一项都递减,可是它的和却是发散的。所以,总时间也是发散的,结果为无穷大,即阿喀琉斯追上乌龟的时间为无限大,因此,他不可能在有限的时间内追上乌龟。

也就是说,在如上的调和级数情况下,尽管阿喀琉斯总是比乌龟快,但就是追不上乌龟。不过,这种情形下,无"悖论"可言。所以,我们将它排除在芝诺悖论的范围以外不予考虑,仍然只研究收敛级数的情形。

如果仅限于收敛级数的话,芝诺悖论是否已经被完美解决了呢？某些数学家和逻辑学家认为并非如此。因为根据他们对无限的理解,无限不是一个存在的实体,只是一个不断逼近却永远完成不了的过程,因为这个过程完成不了,阿喀琉斯便不可能到达那个极值点,既然路线中有某个点永远都到不了,又如何可以追上乌龟呢？芝诺悖论仍然是"悖论"!

以上述方式理解无限的观点,被称为"潜无穷",反之,将无限作为实体,便是"实无穷"。两种观点的争论从古希腊一直持续至今。

曾经看到有人举一个通俗例子来理解两者的区别,不一定准确,但写在下面给诸位做参考。幼儿园两个孩童拌嘴争执比较谁的财富更多:"我有 100""我有 1000""我有 10000",最后,一个孩子想出另一种说法:"不管你有多少,我永远比你多 1!"这个似乎包含了某种永远达不到的潜无穷思想。

无穷观点之"实、潜"之分,从古希腊、古代中国就开始了。例如,中国的惠施曾说"至大无外,谓之大一；至小无内,谓之小一"。意思是"无穷大之外别无他物,无穷小之内不可再分",这是一种实无穷的观点。而"一尺之棰,日取其半,万世不竭。"中的"万世不竭",又显然是"永远不会完"的潜无穷观点。

后来的数学大师们也有不同的观点。高斯认为无穷只是潜在的,坚决反对实无穷；康托尔支持实无穷；希尔伯特则认为，在分析中我们研究的潜无限，不是真的无限，真的无限是实无限。

不过，"潜无穷或实无穷"毕竟是数学或逻辑上的争论。笔者认为，对与实证密切相关的科学而言，只有实无穷，没有潜无穷，因为宇宙中的一切都是现实存在的。那么，科学是否就不需要潜无穷了呢？也不能这么说，因为数学对科学的发展往往有出乎人们意料之外的效果。考虑一下现实世界中似乎并不真实存在的"虚数"概念对科学的作用，便能理解这点了。

总之，芝诺悖论涉及极限概念，数学解答涉及有关实无穷与潜无穷的讨论。无穷过程无法完成潜无穷，可以完成实无穷，数学中的极限、微积分都建立在实无穷概念上。故对潜无穷来说，极限概念不成立，只能无穷逼近，这些数学概念超出本书范围，在此不作详细介绍。

### 2.1.3 第一次数学危机的解决

第一次数学危机被柏拉图的弟子欧多克索斯创立了新的比例论、完善了穷竭法之后而克服。欧多克索斯也属于毕氏学派，是毕达哥拉斯弟子阿尔库塔斯（Archytas，前 428—前 347 年）的学生。因此，第一次数学危机的解决可说是"解铃还须系铃人"。也可以说，无理数的发现，当年是毕氏学派的最大灾难，其实也是毕氏学派的最大成就。

欧多克索斯处理不可通约量的方法，出现在欧几里得《几何原本》第 5 卷中，与狄德金于 1872 年提出的无理数的现代解释基本一致。他给出的比例的定义与所涉及的量是否有公度无关，这样就容许了无理数的存在。

第一次数学危机使整数的尊崇地位受到挑战，使古希腊的数学基础发生了根本性的变化。在第一次数学危机之前，古希腊的数学是以数为基础的。第一次数学危机之后，古希腊的数学基础则转向几何，以几何为基础，几何学开始在希腊数学中占据特殊地位，数学的公理化成为可能。危机的解决也推动了数学及其相关学科的发展。

同时，第一次数学危机也表明了直觉和经验不一定可靠，推理证明才是可信的。从此希腊人开始建立几何学公理体系，直到后来的欧几里得几何。因此，公理化思想是数学思想上的一次革命，是第一次数学危机的自然产物。

由此产生的欧几里得几何对数理天文学的发展具有重大意义。由于宇宙是几何的，宇宙的规律是几何规律，因此研究宇宙就离不开几何图形以及几何理论。

回顾一下历史事实便知，数学基础从整数转向几何意义颇大。古代以数为基础的文明，很难建立数学的公理系统。古代中国和古印度、古埃及都是例子，在这些国家从未建立起数学的公理系统。

因此，第一次数学危机是整个科学发展进程中的一个重要事件，对科学的发展起了促进作用。

## 2.2　古希腊数学之衰落

任何文明都有起有落，也包括古希腊数学。

古希腊人的理念世界在罗马的军事力量面前不堪一击，公元前 212 年伟大的阿基米德被杀害，公元前 146 年希腊地区被罗马共和国征服。之后，古希腊逐渐衰落，尽管在一段时期内，罗马统治下的亚历山大学者仍旧在继承前人的工作，数学上也有所发展。

### 2.2.1　几何的延续

海伦（也称希罗）是古希腊数学家。他居住于罗马时期的埃及省，也是一名活跃于亚历山大港的工程师，他被认为是古代最伟大的实验家。

海伦发明了一种用于反复计算平方根的方法，叫作巴比伦方法，因为据说巴比伦人比海伦更早知道这种计算法。海伦数学方面的代表作是《度量》一书，主要讨论了各种几何图形的面积和体积的计算，包括后来以他的名字命名的关于已知三条边计算三角形面积的海伦公式(希罗公式)。海伦对这一公式的精彩证明是古典几何抽象推理的典范。

海伦公式说的是,假设有一个三角形,边长分别为 $a$、$b$、$c$,则三角形的面积 $A$ 可由以下公式求得:

$$A = \sqrt{s(s-a)(s-b)(s-c)}, \quad \text{其中 } s = \frac{a+b+c}{2}$$

这就是著名的海伦公式。

亚历山大后期,大约从公元 1 世纪初起,几何开始衰落。几何学者似乎忙于研究、增补、评注、阐释前代大数学家的著作,很少发现新的定理。

帕普斯(Pappus,约 290—约 350 年)是评注家中较主要的一位,写了一本有 8 个篇章的著作:《数学汇编》(*Mathematical Collection*)。其中对等周问题及圆锥曲线等,都有详尽的处理和重要增补。

### 2.2.2  托勒密和三角

托勒密的"弦表"相当于现代的正弦函数表,它是古希腊数学文明的结晶,是欧氏几何后古希腊数学的又一重大成就,标志着代数的延续、三角的发展,以及它们与几何的"联姻"。

托勒密为了天文学而编制"弦表",为编弦表而研究几何及三角,由此发现和证明了托勒密定理。

三角学最早的奠基人是希腊的喜帕恰斯。喜帕恰斯也有许多天文观测结果。托勒密继承和发展了喜帕恰斯等的研究成果,集古希腊天文学之大成,创立了影响后世达 1400 年之久的地心说(图 2.2.1)。托勒密最著名的著作是《天文学大成》。

在现代数学中,有了丰富的三角知识,有了微积分和泰勒展开方法之后,编制三角函数表已经不是问题。但是在古希腊时代,这项工作非常困难。

天文学中需要计算各种距离,因此需要任意角度下的三角函数数值,

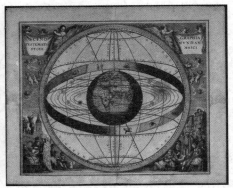

图 2.2.1　托勒密的地心说

称为"弦表"。如图 2.2.2(a)所示,有两个星体 $A$ 和 $B$,为简单起见,假设 $A$、$B$ 位于以地球为球心的同一个球面上。我们从地球上观测到两星体之间的角度是 $\theta$,那么,如何估计这两个星体的距离呢? 图 2.2.2(b)所示的是估计星体 $A$ 到某个地平面的距离 $AC$。这两个球面三角形的问题最后都化为图 2.2.2(c)中计算对应于圆心角 $\theta$ 的弦长 $AB$ 的问题。因为 $AB=2OA\sin(\theta/2)$,所以,也就是说,天文学需要一个正弦函数表,即"弦表"。

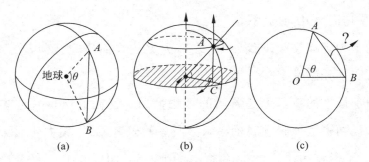

图 2.2.2　天文学中计算距离需要"弦表"
(a) 两星体距离 $AB$；(b) 星体到地平面距离 $AC$；(c) 弦表：计算 $AB$

托勒密《天文学大成》的"弦表"中,列出了半径为 1 时,圆心角 $\theta$ 从 0° 到 180°,间隔为 0.5° 的所有角度所对应的弦长 $AB$。他怎么做到这点的呢? 我们不详细介绍他的方法,只简要说明思路。

首先,可以从一些特殊的角度出发。例如,如图 2.2.3 所示,利用古希腊人对几何的研究,将圆内接正多边形的性质结合毕达哥拉斯定理,可以求得 $\theta=120°$、$90°$、$60°$等角度的弦长分别是 1.732、1.414、1。还可以利用正五边形、正十边形等的对称性,得到 $36°$ 和 $72°$ 等的弦长。

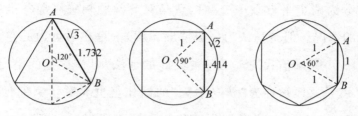

图 2.2.3　计算特殊角度的弦长

然后,托勒密证明了一个非常有用的托勒密定理:圆内接四边形的两对角线之乘积等于两个对边乘积之和。用图 2.2.4 中的记号表示,就是:$AC \cdot BD = AB \cdot CD + AD \cdot BC$。托勒密定理的奇妙之处在于,可以将现代三角学中的不少公式证明出来,比如和差公式、半角公式等,如图 2.2.4 所示。

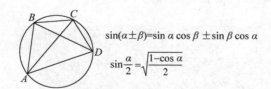

图 2.2.4　托勒密定理和三角公式

有了这些三角公式,可以计算出更多角度的三角函数,最后托勒密制成了弦表。如今,托勒密在天文学上以地心说为核心的研究,已经随着物理学的发展而被淘汰,但由此基础应运而生的三角学却继续发展,万古长青。

### 2.2.3　丢番图的墓碑

古希腊数学家多以几何著称,但在希腊亚历山大后期,出现了被誉为"代数之父"的丢番图。

丢番图的名字也许不为现代人熟悉，但大家可能听过下面的故事：数论中有一个著名的"费马大定理"，说的是"当整数 $n > 2$ 时，方程 $x^n + y^n = z^n$ 没有正整数解"。这个定理有一段饶有趣味的历史。据说费马在 1637 年，曾经专心阅读一本数学书并做笔记。读到书中的第 2 卷第 8 题："将一个平方数分为两个平方数……"时，费马对此问题颇感兴趣并推广联想到更为一般的情况。但费马认为一般情形无解，于是在书页边的空白处写下一段话："……我确信我发现了一种美妙的证法，可惜这里的空白处太小，写不下。"就是这段被称为"费马猜想"的话让全世界数学家们忙乎了 300 多年，直到 1995 年这个猜想才被证明而成为"费马最后定理"。

那么，当年费马在阅读哪本书呢？其实就是丢番图所著的《算术》（*Arithmetica*）（图 2.2.5）。

人们对丢番图的准确出生年月及生活知道不多，只知他一生基本居住和活跃在埃及的亚历山大港，大概是公元 3 世纪，那正是古希腊文明衰退的年代。有趣的是，现代人对他的生卒年月日难以确定，但却能确定他活了 84 岁，这个结论来自丢番图的墓志铭。

图 2.2.5　丢番图和他的著作《算术》

这个奇特的墓志铭是一道谜语般的数学题，翻译如下：

过路人！这里埋着丢番图，

聪明的你算算他活了多少年？

他生命的 1/6 是幸福童年，

生命的 1/12 是蒙昧少年。

又过了生命的 1/7 他洞房花烛，

喜得 1 贵子是在婚后 5 年，

可惜这孩子只活到了他父亲年纪的一半，

孩子死后 4 年，丢番图也结束了他的尘世之缘。

这段墓志铭写得太妙了。谁要想知道丢番图的年纪，就得解一个一元一次方程，非常简单的一个方程：$\frac{x}{6}+\frac{x}{12}+\frac{x}{7}+5+\frac{x}{2}+4=x$，未知数 $x$ 的答案便是 84。

丢番图确实与代数方程结下不解之缘，他的主要著作便是那本被费马细读的书《算术》，处理了求解代数方程组的许多问题。该书有不少篇幅已经遗失，在现存的版本中，仍然以问题和答案集的形式收录了 300 多个题目。因此，《算术》与我们曾经介绍过的中国古代数学书《九章算术》有类似的特点：看起来不像是代数教科书，而更像是习题集。此外，两部著作的成书年代也差不多。丢番图是第一个认识到分数是一种"数"的希腊数学家，在他研究的方程中，允许系数和解为有理数，这个现在看起来不起眼的事情，在数学史中却具有开创性，在数论和代数领域做出了杰出的贡献，开辟了广阔的研究道路。但因为那个年代的数学家最熟悉的还是整数，因而，在现代人的眼中，丢番图的名字或许时常出现在数论中，例如，丢番图方程、丢番图几何、丢番图逼近等，但在代数学中却不常见。

### 2.2.4　希帕提娅之死

不少人对丢番图的《算术》一书做过评注，其中包括古希腊女数学家——希帕提娅（图 2.2.6）。

希帕提娅是历史上第一位女数学家，同时也是当时广受欢迎的哲学家和天文学家。和丢番图一样，她也居住在埃及的亚历山大港，是当时著名的希腊化古埃及新柏拉图主义学者，对该城的知识社群做出了极大贡献。她对丢番图的《算术》及阿波罗尼奥斯的《圆锥曲线论》，以及托勒密的作品都做过评注，但均未留存。希帕提娅的父亲席昂是亚历山大图书馆的最后一位研究员，也是与缪斯神庙有关的最后一位馆长。希帕提娅受其父之启蒙，学习哲学和数学，但她青出于蓝而胜于蓝，不仅在文学与科学领域造诣甚深，对天文学也颇有研究，研究过圆锥曲线和天体运行规律。她巾帼不让须眉，还是一位发明家，与她的一位学生一起，发明了天体观测仪以及比重计。当时的东罗马帝国已被基督教统治，科学没落，自由思想被扼杀。希帕提娅当时生活在亚历山大港，不信基督教，身处"异教徒"与基督徒的冲突之间，她虽在学术界名重一时却不被基督徒接纳。最后基督徒要求彻底夷平异教信仰，希帕提娅被视为女巫，成为牺牲品，被暴徒残酷地迫害杀死，只活了40岁。2009年希帕提娅死于迫害之事被改编成西班牙电影《城市广场》，女数学家的故事被搬上银幕从而享誉世界，生平事迹传为佳话。

图 2.2.6　第一位女数学家希帕提娅

415年，希帕提娅遭到基督徒野蛮杀害的事实标志着希腊文明的衰落，盛况一去不复返，辉煌载入历史。641年，阿拉伯人攻占亚历山大里亚城，图书馆被焚，文明精神不再，希腊数学发展终止。

### 2.2.5　阿拉伯的传承

公元8—9世纪，丢番图的著作逐渐传到阿拉伯国家，对阿拉伯数学产生巨大的影响。许多中世纪以及后来的近代数学家，如前文提及的费马等，都受到过丢番图的许多启发。阿拉伯时代对代数学做出重要贡献的是波斯数学家花拉子米，他是巴格达智慧之家的学者，一位数学家、天文学家及地理学家。花拉子米发明了一套做算术和解方程的形式化、系统化的方法，他也和丢番图一样，被誉为"代数之父"。

花拉子米的著作《代数学》是第一本解决一次方程及一元二次方程的系统著作（图 2.2.7），不像丢番图的《算术》，只是习题集。

图 2.2.7　花拉子米和他的著作《代数学》

古希腊数学总括而言，思想永存成就非凡，产生了数学精神：演绎推理和抽象化，世代传承。后来，丢番图及其他希腊科学家的著作传到阿拉伯国家，对阿拉伯数学及科学产生巨大影响，绵延不断。再后又通过阿拉伯传播于欧洲，希腊精神跨越千年。

然而，丢番图与花拉子米，两位先贤相差 500 年，学术成就难以类比。谁该被称为代数之父？在称呼上计较也无意义。花拉子米著作的拉丁文译本传入欧洲是在 12 世纪，同时传入西方世界的还有阿拉伯数字及十进制，之后成为国际通用的数学符号及方便使用的进制。

古希腊数学衰落之后经过阿拉伯人传承在欧洲复燃。16 世纪的欧洲，工业、农业、航海业光辉灿烂，文艺复兴运动蓬勃开展使欧洲进入了一个新纪元。笛卡儿、费马等人的工作，力学和天文学理论的需要，促成了微积分诞生、解析几何出现，最后是欧洲人点亮了科学诞生的熊熊火焰。

## 2.3 微积分之前

用现代的眼光来看发现微积分的历史,可以分为 3 个阶段:①极限概念;②积分法求体积面积;③发现微分积分互逆。极限概念必须先行,这点在微分或积分两个过程中是一样的。

### 2.3.1 微积分基本定理

通常认为最后一步(发现微分积分互逆)是被牛顿和莱布尼茨分别独立完成的,因此将发明微积分的功劳归于他们俩。但实际上从现代数学的观念来看,微分和积分作为互逆运算的本质,是被"微积分基本定理"所描述的。早在牛顿和莱布尼茨之前,对"微积分基本定理"就已经有一个长长的研究历史。因此,为了更深入理解微分积分之间的联系,我们探索一下"微积分基本定理"发现的历史过程。从展示的历史线索,能让我们明白这个定理为何重要,以及隐藏于微积分概念背后的科学动机。

微积分基本定理包括两部分:第一部分表明不定积分是微分的逆运算,阐明了原函数的存在;第二部分表明定积分可以用无穷多个原函数的任意一个来计算。

伽利略对科学的贡献无人能比。他常被人们(包括爱因斯坦)誉为"现代科学之父",当代物理学家霍金也说:"自然科学的诞生主要归功于伽利略。"伽利略的贡献是多方面的,这里仅举力学方面一例:他做的落体实验证明物体下落的运动不是匀速运动,而是加速运动。如何在数学上来描述非匀速运动呢? 这显然要涉及如今我们熟知的"即时速度"的概念。有了微分(导数)之后,即时速度的意义不难理解,由此可知,伽利略的力学理论为微分理论的建立提出了实用意义上的"需求"。

伽利略晚景凄凉,被教会软禁在家,最后双目失明,但他直到临终前仍在从事科学研究。经常陪伴他的是他最后的学生之一——以发明气压计而闻名的意大利物理学家、数学家埃万杰利斯塔·托里拆利（Evangelista Torricelli，1608—1647 年）。

托里拆利在研究伽利略的力学贡献时，意识到在抛物线上进行的两种运算（类似微分、积分）是互逆的，但他并未真正建立"微积分基本定理"。

后来，苏格兰数学家詹姆斯·格里高利（James Gregory，1638—1675 年）首先发表了该定理基本形式的几何证明，牛顿的老师艾萨克·巴罗证明了该定理的一般形式，然后才是牛顿和莱布尼茨，最后是 100 多年之后的法国数学家路易斯·柯西将微积分理论，包括"基本定理"严格化。

当然，发明微积分最早的先驱人物，不能漏掉法国两位数学家：笛卡儿和费马。

### 2.3.2　笛卡儿的叶形线

有人杜撰了一个笛卡儿与瑞典公主的有关"心形线"的爱情故事，事实上，笛卡儿与心形线无关，倒有一个以笛卡儿命名的叶形线！

网上流传的故事，说是笛卡儿为瑞典公主创造了心形线，但却相爱无缘，最后笛卡儿为情而死！从历史事实而言，笛卡儿的死的确与瑞典女王克里斯蒂娜有关，不过与爱情无关。当年，24 岁的瑞典女王仰慕 53 岁的大哲学家笛卡儿，于是通过外交手段，请求法国政府派笛卡儿前来瑞典讲学。笛卡儿受命于政府不得不前往，但届时的他已经年老体衰，去后又操劳过度，并且与女王关系也不融洽，到了瑞典 4 个月后，1650 年 2 月，笛卡儿就终因没有熬过瑞典的严寒得肺炎病逝了。

此外，心形线最早是由丹麦天文学家奥勒·罗默于 1674 年在研究齿轮齿的最佳形状时发现的。那时候笛卡儿已去世 20 多年，与心形线没有关系。不过，笛卡儿发现并研究过另外一种曲线，叫作叶形线。下面我们看看心形线和叶形线这两种平面曲线。

心形线是有一个尖点的外摆线（图 2.3.1）。也就是说，一个圆沿着另一个半径相同的圆滚动时，圆上一点的轨迹就是心形线。著名的分形：曼德勒罗集合中间的图形是心形线。

再看看什么是笛卡儿叶形线，它如图 2.3.2 中的模样。它可比心形线有名多了！还和笛卡儿一起被印上邮票。叶形线在直角坐标中对应于一个 $x$ 和 $y$ 的三次方程。

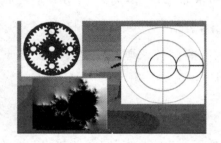

图 2.3.1　心形线

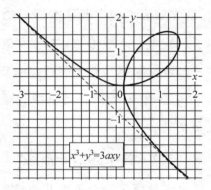

$$x^3+y^3=3axy$$

图 2.3.2　笛卡儿叶形线

笛卡儿在 1638 年首次提出并研究了叶形线，尽管他在正象限中找到了正确的曲线形状，但他认为这种叶子形状在每个象限中都重复出现，就像花朵的 4 个花瓣一样。之后的另一位数学家罗伯瓦尔也错误地认为曲线具有茉莉花的形式。

叶形线有名倒不是因为它的形状，而是因为它涉及微积分发展过程中一个有趣的故事。笛卡儿在 1638 年研究了叶形线后，用这种他研究颇深的曲线向另一位数学家费马提出挑战。故事发生在微积分出现之前，其实也就是在这两位伟大的数学家苦苦构思坐标轴及解析几何之时。

笛卡儿要求费马找到该曲线在任意点的切线，因为听说费马发现了一种寻找切线的方法。笛卡儿心存疑惑，认为费马肯定做不到！但最后费马依然很容易地解决了笛卡儿的问题，这是笛卡儿当时无法做到的。

有了微积分之后，计算斜率再画出切线不成问题。但没有微积分时该如何做呢？微积分诞生的 3 个阶段中极限和求积方法在古希腊及古代中国都有，但第 3 个阶段是牛顿和莱布尼茨在欧洲完成的。实际上，从第 2 阶段到第 3 阶段是一个漫长的过程，那个时代正值工业革命文艺复兴时期，不仅解放了思想，创造了自由的学术氛围，其社会生产生活还对力学、天文学等自然科学提出了巨大的挑战，而这些学科又与数学紧密相连，于是，一场关于数学学科的变革在悄然间降临到了欧洲，许多数学家做出了贡献。

当年费马和笛卡儿等是如何画切线的，这些方法与微积分的发现又有何关系？

### 2.3.3  业余数学家之王——费马

法国数学家费马是个很奇怪的学者，他是法院的法律顾问，算是个业余数学家。费马直到年近 30 岁才认真研究数学，但成果累累，在数论、解析几何、概率论等方面都做出了重大贡献，因而被誉为"业余数学家之王"。他的特点是不怎么发表著作，经常是只在书的边缘处写下一些草率的注记，或者是偶然地将他的发现写信告诉他的朋友。现在看来，即使是这种草率注记中的三言两语，也已经使世人震撼忙碌不已，要是费马专门研究数学，那还了得？例如，被称为"费马大定理"的猜想，就困惑了数学家们整整 358 年！

对于发现微积分费马的功劳也不小。他与笛卡儿共同创立的解析几何成为发明微积分的根基之一。他创造了作曲线切线的方法。费马在 1629 年，也就是牛顿降生前 13 年，莱布尼茨降生前 17 年，就构想并使用了微分学的主要思想，用于求曲线的极大极小值。也就是说，在微积分尚未被系统地发明出来之时，费马就已经掌握了"令导数为零，求出极点"的方法！这个事实说明，费马几乎已经自己发明出了微积分，只不过没有公布而已！总之，费马淡泊名利，不在乎发表文章，也未曾将他的微分思想总结成"定理"之类的,因此,费马这方面的贡献鲜为人知。费马的许多数学思想都是在他死后,由他儿子通过整理他的笔记和批注挖掘出来的。

费马研究光学时发现,光线总是按照时间最小的路线传播。这个原理是几何光学的基础,可以从后来的惠更斯原理推导出来。事实上,费马原理现代版的更准确表述应该是：光线总是按照时间最小,或最大,或平稳点的路线传播。换言之,光线传播的经典路径是变分为 0 的路径。所以事实上,有关光线传播的费马原理应该算是变分法的最早例子,但在当时,人们尚未认识到这点,也没有进行详细的理论研究。费马提出的光学"费马原理"给后来变分法的研究以极大的启示。

笛卡儿的几何学发表前,费马在 1629 年就发现了解析几何基本原理。他考虑任意曲线和它上面点 $M$ 的位置用 $A$、$E$ 定出,$(A,E)$ 是倾斜坐标,只是他未将另一个竖直轴明显画出来(图 2.3.3)。

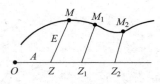

图 2.3.3　费马的倾斜坐标

实际上,费马是延续了前古希腊数学家阿波罗尼奥斯的坐标系概念。阿波罗尼奥斯是除阿基米德外最聪明的古希腊数学家,他深入研究了圆锥曲线,他的坐标体系将古希腊几何直接一口气带到 1800 多年后的微积分之前。

然后,费马将代数方法进一步与几何应用结合,笛卡儿则建立了一般方程与曲线的关系,扩展曲线的范畴,最后建立解析几何。

费马对微积分的贡献,引用牛顿之言："我从费马切线作法中得到这个方法的启示,我推广了它。"

下面看看费马作切线的方法,如图 2.3.4 中需要作 $P$ 点处的切线,只要求出线段 $AB$ 的值,连接 $AP$ 就是切线。

设 $AB = s$,$\triangle ABP$ 与 $\triangle ACQ'$ 相似,在 $e$ 很小时 $CQ \approx CQ'$,即可求出 $AB$。

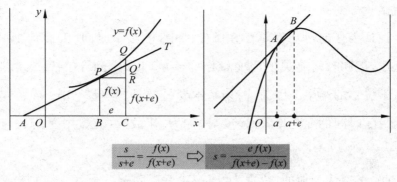

图 2.3.4　费马作切线的方法

费马作切线方法的最后结果,与现在微积分求导数的公式相似。笛卡儿也有作切线的方法,比费马晚几年。他是先想办法在 $A$ 处作曲线的法线,再作与法线垂直的线便是切线了。虽然他的方法更复杂且是几何的,但两位大师的方法都运用极限概念,也反映出对无穷小的认识,他们都不愧是微积分的先驱。

## 2.4　微积分的诞生

牛顿和莱布尼茨两人的微积分风格不同,贡献各异。牛顿最大的贡献是把微积分用于物理上,构思了牛顿三大定律及万有引力定律,并用微积分方法,讨论了潮汐、岁差等现象。

莱布尼茨最主要的贡献是对概念、方法、技巧等进行了清楚的梳理,加上符号的运用。这些符号受到人们的喜爱,一直使用至今。

### 2.4.1　牛顿的流数术

牛顿考虑微积分是为了解决动力学的问题,也就是说,运动中的物理量(变化的量,称为流量)与时间的关系问题。他把自己的这种和物理概念直接联系的数学理论叫作"流数术",实际上就是现代说的微积分。1665年 5 月 20 日,牛顿第一次在他的手稿上描述他的"流数术",后人便把这一天作为微积分的诞生日。

牛顿认为任何运动都是存在于空间中，依赖于时间，因而他把时间作为自变量，把和时间有关的因变量作为流量，几何图形，包括线、角、体，都看作力学位移的结果。因而，一切基本变量都是"流量"（用 $x$、$y$、$z$ 表示），而将流量随时间的变化率，即速度等，称为"流数"。流数用 $x$、$y$、$z$ 上面加一点（或者 $x'$、$y'$、$z'$）来表示。

因此，牛顿认为他的"流数术"要解决两类问题：

（1）已知流量之间的关系，求它们的流数的关系，这相当于微分学。

（2）已知流数之间的关系，求流量间的关系，相当于积分，是问题（1）的逆问题。

使用现在的微积分语言，牛顿的"流量"即变量，"流数"即导数。

如何计算流量和流数？牛顿从二项式展开的问题开始思考，并由此对"无穷"的概念有所突破。在这一点上，牛顿超越了前辈笛卡儿。笛卡儿的一些想法如今听起来颇为有趣：他认为人的大脑不是无穷的，所以不应该去思考与无穷有关的问题。但牛顿偏偏就通过思考二项式展开成无穷级数的问题而发现了微积分！

为此目的，牛顿定义了一个无限小的时间瞬"$o$"，作为流数术的基础。这个无限小的时间瞬将引起流量的瞬，由此便能计算流数，即两个"瞬"的比值。比如，如果有两个流量 $x$ 和 $y$，它们都随时间变化，并且，它们之间有如下关系：

$$x^3 + xy + y^3 = 0 \qquad\qquad (2.4.1)$$

现在，无限小的时间瞬"$o$"便将引起两个流量的无限小的瞬，分别记为 $x'o$，$y'o$。然后，在式（2.4.1）中分别用 $x + x'o$，$y + y'o$ 代替 $x$ 和 $y$，再减去式（2.4.1）便得到：

$$3x^2 x'o + 3x(x'o)^2 + (x'o)^3 + xy'o + x'oy +$$

$$x'y'o^2 + 3y^2y'o + 3y(y'o)^2 + (y'o)^3 = 0 \qquad (2.4.2)$$

两边同时除以时间瞬"$o$"，然后再消去其中含有"$o$"的项（因为 $o$ 为无穷小），整理之后便能得到两个流数 $x'$ 和 $y'$ 之间的关系（两个变量的变化速率之比）：

$$\frac{x'}{y'} = \frac{-(3y^2 + x)}{3x^2 + y}$$

牛顿用上例所述的方法，从位置变量的关系导出速度变量间的关系，与我们现在用微积分得到的结果一致。牛顿后来在他的《自然哲学的数学原理》一书中如此描述瞬时速度：瞬时速度是指，当该物体移动到那一个非常时刻，既不是之前，也不是之后，流量间的最终比例。

牛顿发明了微积分，并用微积分的语言写下了牛顿三大定律和万有引力定律，后来又在微积分的基础上建立了数学物理方程、黎曼几何等数学分支。这些数学理论，不仅帮助牛顿和麦克斯韦等人建立了宏伟辉煌的经典力学和经典电磁理论，并且推动了理论物理中量子力学、相对论、混沌理论等数次革命。回顾这段漫长的历史过程，既耐人寻味又发人深思的。

与微积分一样，数学中很多思想的源泉都是来自对物理的研究。因为数学和物理都是起源于人们对于世界的观察和认识，物理规律往往需要依靠数学的方法来进行定量描述。微积分的发现是科学界的重大历史事件，从此之后科学家有了一套得心应手的理论工具，微积分方法的精确描述使得生物、化学、力学、电子、工程等学科和技术都得以长足发展，而数学作为"科学的皇后"，价值观逐渐独立。因此，自从牛顿之后，数学和物理开始奔向不同的目标，逐渐走向了它们各自不同的发展道路。

牛顿像是上帝派来的魔法师，他右手点亮经典力学之火，左手握着微积分，数学和物理的殿堂从此有了光明。

### 2.4.2　莱布尼茨的差和分

威廉·莱布尼茨是德国哲学家和数学家，他被誉为 17 世纪的亚里士多德，少见的通才。

莱布尼茨大学学习法律，21 岁便活跃于政治舞台。26 岁时，他作为外交官出使巴黎，结识了荷兰科学家惠更斯之后，对数学产生了浓厚的兴趣，才真正开始了数学研究。1673 年到 1677 年他在巴黎待了 4 年，是他在数学方面登峰造极并发明微积分的年代。此外，莱布尼茨对二进制的发展也做出了贡献。

除数学之外，莱布尼茨以哲学上的乐观主义而著名，在物理学、概率论、心理学、政治学、法学、神学、哲学、历史学等诸多领域都留下了著作，做出了贡献。

如今的人们追溯数学发展史，认为莱布尼茨和牛顿两人各自独立地发明了微积分。其证据之一是他们各自从不同的思路创建微积分：牛顿是为了解决力学问题，先从位置是时间的函数这点出发，澄清速度、位置与时间之间的关系，发展了导数的概念，然后再有积分的概念。而莱布尼茨的想法则是反过来，是先有积分的概念，再有微分及导数的概念。

此外，牛顿发明微积分的目的是解决物理问题，他把微积分作为实用的工具。而莱布尼茨则是从几何，从数学本身来研究微积分。他认识到微积分的深远影响，因而尽量将概念表述清楚，也热衷于发明一套既直观形象又合理的微积分数学符号。

实际上，从现代学术界发明权的观点来看，应该将莱布尼茨视为微积分的创建者，因为他的文章发表先于牛顿，尽管牛顿有更早的笔记本记录，但以现在的学术规范来看，是不算数的。

莱布尼茨发明微积分，是在他研究"差和分"的基础上。差和分是什么呢？就是差分与和分，可以说是微分与积分的离散数学的对应物。

从莱布尼茨的《数学笔记》可以看出，他最初的微积分思想来源于对和分、差分以及它们的互逆性的研究。到巴黎之前，莱布尼茨曾经研究自然数平方构成的数列：

$$0,1,4,9,16,25,36,\cdots \qquad (1)$$

将以上数列的相邻两项互相作减法运算，便形成一个差分数列：

$$1,3,5,7,9,11,\cdots \qquad (2)$$

再将以上数列作同样类似的减法运算，又形成另一个新的差分数列：

$$2,2,2,2,2,\cdots \qquad (3)$$

用现代数学语言来描述以上过程，数列（2）是数列（1）的一阶差分数列，数列（3）是数列（1）的二阶差分数列，如果再作下去，可以看到：自然数平方序列的三阶差分是一个全部为 0 的数列。也就是说，到了数列（1）的三阶差分，序列中元素数值的信息已经消失殆尽。

从此例可见，差分运算的规律很简单，不过当时莱布尼茨考虑的却是与差分反过来的逆过程：是否有可能从下往上用某种运算来恢复原来的序列呢？从数列（3）到数列（1）是显然不可能的，说明高阶差分运算失去了太多的信息，但从数列（2）到数列（1）是可能的：

将数列（2）中所有可见的 6 个数字加起来，正好等于 36，是数列（1）的第 7 个数字。依次类推：

前面 5 个数字加起来，等于数列（1）的第 6 个数字；

前 4 个数字加起来，等于数列（1）的第 5 个数字；

前 3 个数字加起来，等于数列（1）的第 4 个数字；

前 2 个数字加起来，等于数列（1）的第 3 个数字；

……

总结一下上面的规律：将数列（2）中的前面 $n$ 个数字加起来，等于数列（1）的第 $n+1$ 个数字。

换言之，数列（2）是数列（1）的差分，数列（1）是数列（2）的和分。和分与差分互为逆运算。

1673 年到巴黎后，莱布尼茨对数学产生了极大的兴趣，他研究了费马、巴罗等人的著作。在研读帕斯卡的著作时，他发现在帕斯卡三角形（图 2.4.1(b)）中，行与行之间的关系类似于他在 1666 年所研究的自然数平方数列的差分、和分关系。

于是，莱布尼茨继续探讨这种和与差之间的互逆性。用差分来表示"和"，很容易从图 2.4.1(a)来理解：楼梯上升的总高度（和分）等于所有阶梯层的高度之总和，而每一个阶梯层的高度等于两个高度之差（差分）。

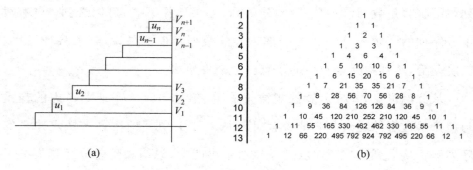

图 2.4.1　差和分法(a)及帕斯卡三角形(b)

从差和分到微积分的过渡，就是从有限到无限的过渡，从离散到连续的过渡。因为差和分对付的是离散的有限多个有限数，而微积分处理的是连续的无穷多个无穷小。试想，当图 2.4.1(a)中的楼梯阶层差别变小，也就是说将楼梯分细，层次数目趋向无穷多时，差和分就趋向于微积分。

当年牛顿与莱布尼茨的微积分发明权之争，两人都是小肚鸡肠，并且，还将两人所在国家的国家荣耀、民族情绪牵扯其中。将两位科学家的个人之争，演变成了英国科学界与德国科学界乃至与整个欧洲大陆科学界的对抗。英国数学家不愿意接受莱布尼茨更为好用的符号系统，而要坚持使用牛顿的，实际上影响了英国数学研究的发展。

牛顿和莱布尼茨的微积分都不够严谨，之后被欧拉、拉格朗日、拉普拉斯、达朗贝尔等人精雕细刻，才逐渐系统化和严密化。

### 2.4.3　阿涅西的女巫

微积分发明之后,第一本完整的微积分教科书是由一位女性数学家写的。她叫玛丽亚·阿涅西(Maria Agnesi,1718—1799 年),是意大利的数学家、哲学家兼慈善家。她写了《分析讲义》,为传播微积分立下功劳。

阿涅西的父亲出身殷实的丝绸商人之家,是位富有的数学教授。阿涅西在家中 23 个孩子里排行老大,从小就有神童之称。阿涅西 5 岁懂法语和意大利语;13 岁懂希腊语、希伯来语、西班牙语、德语和拉丁语等;9 岁时,她在学术聚会上作有关妇女受教育权利的演说;15 岁开始,她负责整理父亲在家中定期举行的哲学和科学讨论聚会的记录,后来总结出版《哲学命题》一书。在父亲组织的这些学术交流聚会上,年轻的阿涅西聆听学者们讨论物理、逻辑、天文等各种问题,在增长知识的同时,也时常会跟博学的客人们辩论,她伶牙俐齿,精通多种语言,被朋友们戏称为"七舌演说家"。

阿涅西是让其父亲引以为傲的沙龙中的明珠,她的才华和睿智备受人们欢迎。但是,到了 20 岁左右,外表开朗,实则内向的阿涅西很快厌倦了这样的社交活动和聚会,产生了"去修道院做修女,为穷人服务"的念头。最后与父亲摊牌的结果,阿涅西没有去当修女,父亲也让步同意她减少社交聚会活动,开始全心研究数学。之后数年,阿涅西凭着自己的学识和超人的语言才能,在抽象的数学世界中轻松遨游,将世界各国许多不同数学家的学说和理论融会统一在一起。

1748 年,她 30 岁时写成微分学著作《适用于意大利青年学生的分析法规》,其中包括牛顿的流数术以及莱布尼茨的微分法等。该书中还讨论了一种被后人称为"阿涅西的女巫"(witch of Agnesi)的曲线,也就是箕舌线。

箕舌线是什么呢?其实是一种简单的、很容易理解的二维曲线。如

图 2.4.2 所示，考虑半径为 $a$ 的圆，下面有一条水平线切圆于 $O$ 点（$x$ 轴），上面有一条水平线切圆于 $A$ 点，$C$ 是圆上一个动点。过 $OC$ 作直线与上方的水平线交于 $D$。再由 $D$ 作垂直线交 $x$ 轴于 $E$，与过 $C$ 的水平线交于 $P$。当 $C$ 沿着圆周移动时，如此而得到的 $P$ 点的轨迹就是箕舌线。

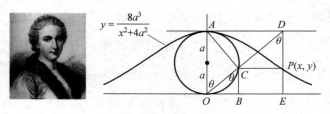

图 2.4.2　玛丽亚·阿涅西和她最著名的研究"箕舌线"

为什么又把这曲线叫作"阿涅西的女巫"呢？那是因为在翻译阿涅西的意大利文著作时错译的结果。实际上阿涅西并不是第一个研究这种曲线的人，更早由物理学家费马提到过，它的拉丁文名字是 versorio，表示转动的意思。但这个字与意大利文中的 versiera 发音类似，意思却变成了"女巫"。也许是后来的学者喜欢这个稍带恶作剧的名字，便将错就错，让它和女数学家的名字连在一起，流传了下来。

箕舌线有许多有趣的性质，比如，箕舌线与 $x$ 轴之间所围成的面积是一个有限的数值，刚好等于生成它的圆的面积的 4 倍。此外，箕舌线在物理上有所应用，是统计学中柯西分布的概率密度函数。

阿涅西的《分析讲义》是本超过千页的经典巨著，被法国科学院称作"在其领域中写得最好、最完整的著作"。其中包含了从代数到微积分和微分方程领域中牛顿和莱布尼茨的原始发现，并且把各国数学家提出的不同的微积分表达方式统一起来。阿涅西的这本微积分教科书被翻译成多种语言，在欧洲流行了 60 多年。教宗本笃十四世特别颁给她一顶金花环以及一面金牌，以表彰她在数学上的卓越贡献。

1750 年，阿涅西被任命为博洛尼亚大学的数学与自然哲学系主任，她是历史上继劳拉·巴斯(1711—1778 年)后第二位成为大学教授的女性。有趣的是,劳拉·巴斯也是位意大利科学家,两位女性意大利学者能在 18 世纪先后成为大学教授,与当时教宗本笃十四世重视学术自由、支持女性发展的思想有关。

1752 年,阿涅西的父亲去世了,这正是她得到意大利乃至欧洲数学界越来越多关注之时。但我们的女学者忘不了年轻时代"为穷人服务"的理想,当初也只是为了满足父亲的期望而作为一种不参加社交活动的妥协才研究数学。因而,父亲过世后,阿涅西便将自己的目光投向了修道院和慈善事业。

阿涅西拒绝了都灵大学数学教授们的邀请,坚持不再研究数学。她把全部的心力投入救助穷人与神学研究之中;她将家里的一些房子用来安置穷苦的人们。她为贫困女性设立了一个疗养院,最后自己也搬进了疗养院里居住。这个把自己人生最后的 47 年奉献给慈善事业的人,在 1799 年去世,此时她已一贫如洗。最后,这位女数学家和疗养院另外 15 名女病人一起,被埋在了一块无名的墓地里。

## 2.5 第二次危机

所谓的数学危机,实际上并不是什么危机,不过是在数学发展过程中几个关键的时间点而已。在这些时间点,人们对数学中的概念发生了质的变化。因此,解决危机的办法就是首先需要接受新概念,然后用数学的语言和规范来严格地完善和厘清这些概念。

例如,发生于古希腊的那次危机,其实什么危机也没有,只不过因为毕达哥拉斯学派原来对数的认识是不足够、不完善的,数不能仅仅被理解为 $m/n$ 的有理数形态,还需要扩展到无理数。因此,人们首先需要接受无理数这个新概念,然后,数学家创立了新的比例论、完善了穷竭法,将无理数概念统一到"数"的领域中，因而克服了所谓的"危机"。

### 2.5.1　伯克利的质疑

牛顿和莱布尼茨创建的微积分解决了许多实际问题，例如，微积分解决了力学中的速度变化问题，它驰骋在近代和现代科学技术前沿，建立了数不清的丰功伟绩，但也招来不少质疑的声音。

最主要又严峻的质疑，来自一位教区主教乔治·伯克利（George Berkeley）。不要以为伯克利只是一个神学人士，有人说他是因为憎恨科学捍卫宗教而攻击牛顿，其实不完全如此，捍卫宗教固然是其目的之一，但未必是"攻击"，因为他的确抓住了当时牛顿（或莱布尼茨）微积分的要害：不严密！

看看伯克利何许人也。你可能没听说过他，但你应该听说过美国加州伯克利大学！没错，这座大学就是以他的名字命名的，因为他热衷教育事业，用以纪念他对教育做出的贡献。除了是教育家，他还有众多的身份：英国著名的主观唯心主义哲学家、严肃的数学家。他关心大众生活，为人民谋福利，还被当时的人称为"善的主教"。

1734 年，牛顿过世 7 年后，伯克利出版了《分析学家》一书挑战微积分：

"亲爱的牛顿，请你诚恳地告诉我，如果你还残存对信仰的敬畏。你那自鸣得意的'瞬'，究竟是何方神圣？它飘然而来，因为要作你的分母；它离奇而逝，因为要成全你的流数。你不需要它，就判处它死刑；你需要它，就召唤出它的亡灵。"

无穷小"瞬"，究竟是何方神圣？飘然而来又离奇而逝，零或非零，消失量之幽灵？

伯克利对牛顿所阐述的"无穷小"质疑，并非无理取闹。因为牛顿无穷小定义的导数并不严密，即使没有伯克利质疑，最后也会有人提出无穷小概念的问题。当时的微积分仍然受希腊几何的影响，还处于依赖几何论证的基础上。伯克利并未否定微积分的正确性。

举 $y=x^2$ 求导数的例子说明,推导过程确实存在错误:前一步假设 $\Delta x$ 是不为 0 的,可以作分母,而后一步又被取为 0。那么到底是不是 0 呢?牛顿未能自圆其说(图 2.5.1)。

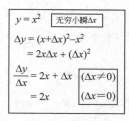

$$y=x^2 \quad \boxed{\text{无穷小瞬}\Delta x}$$
$$\Delta y = (x+\Delta x)^2 - x^2$$
$$= 2x\Delta x + (\Delta x)^2$$
$$\frac{\Delta y}{\Delta x} = 2x + \Delta x \quad (\Delta x \neq 0)$$
$$= 2x \quad (\Delta x = 0)$$

无穷小瞬
何方神圣
飘然而来
离奇而逝
零或非零
梦幻幽灵

图 2.5.1　微积分危机

### 2.5.2　柯西和魏尔斯特拉斯

要解决微积分的危机,也就是将其严格化,不是一朝一夕的事。又过了 150 年左右,到 19 世纪末才完成。这其中包括多位数学家的努力,比如法国的柯西和德国的魏尔斯特拉斯。

柯西成功地表达了正确的极限概念,使其成为微分学的坚实基础。他从数的基础上(不是从几何直观)出发,重新定义了微积分中各种含糊的定义。

柯西定义极限:"如果一个变量的连串值无限地趋向一个固定量,使之最后与后者之差可任意地小,那么最后这个固定值就被称为所有其他值的极限。"

那么任意小是多少?柯西说比你给定的任意数都小。

后来魏尔斯特拉斯认为这个定义不准确和自然,继续做出修改,提纯了极限概念,以 ε-δ 语言系统建立了数学分析的严谨基础。

无穷小不是一个确定的数,也不是零。它是极限为零的变量。研究对象是常量还是变量,是初等数学和高等数学的区别,也是微积分之前和之后数学的区别。微积分的核心概念是导数（微分）瞬时变化率。严格定义的无限趋近的极限概念是微积分的精髓。

## 2.6  第三次危机

### 2.6.1  数学悖论

数学上有很多悖论，例如有趣的"理发师悖论"（barber pardox）（图 2.6.1）。

图 2.6.1  理发师悖论

传说有一个理发师，将他的顾客定义为城中"所有不给自己理发之人"。但某一天，当他想给自己理发时却发现他的"顾客"定义是自相矛盾的。因为如果他不给自己理发，他自己就属于"顾客"，就应该给自己理发；但如果他给自己理发，他自己就不属于"顾客"了，就不应该给自己理发。那么，到底自己算不算顾客？该不该给自己理发？这逻辑似乎怎么也理不清楚，由此而构成了"悖论"。

理发师悖论可以靠修改顾客定义来避免产生逻辑怪圈。例如理发师修改一下自己的说法："除我本人之外，我给所有不给自己理发的人理发"，悖论就被避免了。因为理发师此时定义了一个不包括自己在内的顾客集合，这个集合没有怪圈了！所以，改变定义便能绕过去。

还有一个与"自我"有关的悖论，叫作"说谎者悖论"（liar paradox），由它引申出来许多版本的小故事。它的典型语言表达为："我说的这句话是假话"。为什么说它是悖论？因为如果你判定这句话是真话，便否定了话中的结论,自相矛盾;如果你判定这句话是假话,那么引号中的结论又变成了一句真话,仍然产生矛盾。

反正,上述这两个悖论导致了一种"左也不是,右也不是"的尴尬局面。说谎者悖论中的那句话,无论说它是真还是假都有矛盾;另一个有趣的"柯里悖论"(Curry's paradox),与上述两个悖论有点不同,它导致的荒谬结论是"左也正确,右也正确",永远正确!

我们也可以用自然语言来表述柯里悖论。比如,我给出如此一说:

"如果这句话是真的,则张三是外星人。"

根据数学逻辑,似乎可以证明这句话永远都是真的,为什么呢?因为这是一个条件语句,条件语句的形式为"如果 $A$,则 $B$",其中包括两部分:条件 $A$ 和结论 $B$。这个例子中,$A$ = 这句话是真的,$B$ = 张三是外星人。

如何证明一个条件语句成立?如果条件 $A$ 满足时,能够导出结论 $B$,这个条件语句即为"真"。

那么现在,将上述的方法用于上面的那一句话,假设条件"这句话是真的"被满足,"这句话"指的是引号中的整个叙述"如果 $A$,则 $B$",也就是说,$A$ 被满足意味着"如果 $A$,则 $B$"被满足,亦即 $B$ 成立。也就得到了 $B$"张三是外星人"的结论。所以,上面的说法证明了此条件语句成立。

但是,我们知道事实上张三并不是外星人,所以构成了悖论。此悖论的有趣之处并不在于张三是不是外星人,而在于我们可以用任何荒谬结论来替代 $B$。也就是说,通过这个悖论可以证明任何荒谬的结论都是"正确"的。如此看来,这个悖论实在太"悖"了!

上面浅谈的是数学中的几个简单悖论,数学中的悖论只和理论自身的逻辑有关,修改理论便可解决。物理中的佯谬除了与理论自身的逻辑体系有关,还要符合实验事实。打个比方说,数学理论的高楼大厦自成一体,建立在自己设定的基础结构之上。物理学中则有"实验"和"理论"两座高楼同时建造，彼此相通相连、不断更新。理论大厦不仅要满足自身的逻辑自洽，还要和旁边的实验大楼统一考虑，每一层都得建造在自身的下一层以及多层实验楼的基础之上。因此，在物理学发展的过程中，既有物理佯谬，也有数学悖论，可能还有一些未厘清难以归类的混合物产生出来，也许这可算是英语中使用同一个单词表达两者的优越性。

### 2.6.2　罗素悖论

其实悖论就是矛盾，矛盾产生危机。所以数学的几次危机也可以用悖论来表述。古希腊时代那次数学危机，起因于希帕索斯发现无理数的"希帕索斯悖论"。第二次无穷小危机则与芝诺悖论及伯克利质疑牛顿"无穷小量幽灵"的悖论有关，它的解决为微积分奠定了坚实的基础。第三次危机则与理发师悖论联系在一起。

是谁想出这么一个古怪烧脑的"理发师悖论"来折腾人？数学发展得好好的，实在像是没事找事无事生非。的确如此，前两次数学危机的解决，建立了实数理论和极限理论，最后又因为有了康托的集合论，数学家们兴奋激动，认为数学第一次有了"基础牢靠"的理论。

提出理发师悖论的是英国人伯特兰·罗素，一位身份显赫的贵族，一个造诣非凡的真正大师。

罗素的家庭了不得，他爷爷曾经出任过英国的两任首相。罗素自己更了不得，他是著名的历史学家、哲学家、数学家，各方面多产的大师。他创建分析哲学，提倡自由教育；他的历史巨著《西方哲学史》，在哲学界广为人知；更没想到的是，他还获得了 1950 年的诺贝尔文学奖。

罗素与罗素悖论（Russell paradox）（某种意义上等效于理发师悖论）有关的是《数学原理》。这部巨著，洋洋洒洒三大卷近 2000 页，罗素耗费十年工夫才得以完成。罗素认为所有的数学可以约化为逻辑，为此目的作者们使用了极度冗长繁琐的推理。比如，花了将近 400 页的内容，才得以正确地定义"1"及"1+1"。当年对数学基础的研究有三大主义。除罗素信奉的逻辑主义之外,还有德国的希尔伯特为代表的形式主义、荷兰数学家布劳威尔为代表的直觉主义。

解决理发师悖论好像比较容易,改变顾客的定义便能绕过去。但对学术上的"集合论",就不那么容易了,不过原则上可以借鉴:就是在定义集合的时候,要避免"自我"指涉。

实际上,集合可以分为在逻辑上不相同的两大类,一类($A$)可以包括集合自身,另一类($B$)不能包括自身。可以包括自身的,比如图书馆的集合仍然是图书馆;不能包括自身的,比如全体自然数构成的集合并不是一个自然数。

显然一个集合不是 $A$ 类就应该是 $B$ 类,似乎没有第三种可能。但是,罗素问:由所有 $B$ 类集合组成的集合 $X$,是 $A$ 类还是 $B$ 类?如果你说 $X$ 是 $A$ 类,则 $X$ 应该包括其自身,但是 $X$ 是由 $B$ 类组成,不应该包括其自身。如果你说 $X$ 是 $B$ 类,则 $X$ 不包括其自身,但按照 $X$ 的定义,$X$ 包括所有的 $B$ 类集合,当然也包括其自身。

总之,无论把 $X$ 分为哪一类都是自相矛盾的,包含自己或不包含自己都有矛盾,这就是罗素悖论,即理发师悖论的学术版。

因此,此类悖论是产生于"集合"的定义牵涉"自我指涉",那么,如果将自身排除在集合之外,悖论不就解决了吗?问题并非那么简单。

几个悖论都牵涉"自我指涉"(self-reference)的问题。理发师不知道该不该给"自己"理发?说谎者声称的是"我"说的话。看起来,将自身包括在"集合"中不是好事,可能会产生出许多意想不到的问题。这些悖论提醒数学家们重新考察集合的定义,康托的集合论对"集合"的定义太原始,以为把任何一堆东西放一起,只要它们具有某种简单定义的相同性质,就可以数学抽象为"集合"。人们后来将康托的理论称为"朴素集合论"。为它制定了一些"公理"作为条条框框，从而使得康托的朴素集合论走向了现代的"公理集合论"。

人们认为数学的第三次危机尚未被完全解决，不过似乎是属于逻辑和哲学层面的问题，不太影响数学的发展。

此外，数学史上的三次危机以及导致危机的悖论的根源，都与连续和无限有关，都是无限进入人的思维领域中导致思考方法之不同所产生的。第一次是从整数、分数扩展到实数，虽然整数和分数有无限多，但本质上仍然有别于（小数点后数字）无限不循环的无理数。第二次危机中的微积分革命导致对"无限小"本质的探讨，推导总结发展了极限理论。第三次危机涉及的"集合"，显然需要更深究"无限"的概念。

看来，的确如数学家外尔所说：数学是无限的科学。实际上"无限"的概念对物理学和其他科学也至关重要，宇宙（时空）是有限还是无限的？物质是否可以"无限"地分下去？存在"终极理论"吗？是否它只是无限逼近的一个理论极限？人类思维有极限吗？我们（细胞数目）有限的大脑，能真正想通"无限"这个问题吗？就像小狗永远也学不会微积分那样，有些东西对我们人类的大脑来说，是不是也可能是永远无法认知的？

不断地发现、提出、研究，直至最终解决悖论佯谬，这就是科学研究。科学中的悖论佯谬是科学发展的产物，预示我们的认识即将进入一个新的阶段。正如数学史上悖论引发的三次危机，既是危机又是契机，有力地推动了数学的发展，促进了人类的进步。

罗素悖论稍微延缓了数学大厦的建设，却并未打碎许多数学家心中的梦。他们仍然坚信并热衷于在某些公理的基础上推导出宇宙间所有的定理，企图建立一个美丽牢固的数学大厦。然而，没料到突然杀出了一位哥德尔，大神出场直接宣布了一个"哥德尔不完全性定理"：判定数学大厦根本无法建立，那只是数学家们不切实际的梦想。那么，哥德尔不完全性定理到底是什么呢？

### 2.6.3 爱因斯坦和哥德尔

爱因斯坦和哥德尔(图 2.6.2)，是当年在普林斯顿高等研究院里经常一起散步的忘年交，两人关系从 1940 年哥德尔正式受聘到普林斯顿高研院开始，一直到爱因斯坦生病去世，持续十几年。爱因斯坦晚年时有一段话，可看出他对哥德尔的欣赏程度，他曾经对经济学家奥斯卡·摩根斯坦(Oskar Morgenstern)表示说，他自己的研究已经没有太大意义，而之所以每天还到高等研究院来，只是为了与哥德尔一起走路回家！

对公众而言，爱因斯坦的名字家喻户晓，但哥德尔却鲜为人知。那么，哥德尔何许人也？对科学有些什么杰出的贡献，才会使得爱因斯坦如此推崇他？

图 2.6.2　爱因斯坦和哥德尔

著名数学家哥德尔，比爱因斯坦晚出生 27 年，在 1906 年，即爱因斯坦发表 3 篇重要论文之"奇迹年"后的第二年，哥德尔才呱呱坠地。哥德尔天分极高，从小是个数学神童，喜欢寻根究底地问问题，因而在 4 岁的时候就得了一个"为什么先生"的绰号。在维也纳大学时，他曾经修读过理论物理，也研究过相对论，之后专攻逻辑学和集合论。他最重要的数学成果：哥德尔不完全性定理(也称哥德尔不完备性定理)，是他在 25 岁(1931 年)紧接着博士论文之后完成的。

哥德尔不完全性定理包含两个定理：

（1）一个包含算术的任意数学系统，不可能同时满足完备性和一致性；

（2）一个包含算术的任意数学系统，不可能在这个系统内部来证明它的一致性。

让我们试图用通俗（不太严格）的说法来理解哥德尔不完全性定理以及他的证明方式。

通俗而言，完全性指的是这个系统包括所有它定义的对象，一致性指的是没有逻辑上的自相矛盾。所以，首先将两个定理翻译成通俗语言：

（1）一个算术系统，要么自相矛盾，要么总能得出一些无法包括于该系统中的结论；

（2）不可能在一个算术系统内部，证明此系统是不自相矛盾的。

哥德尔不完全性定理的数学证明过程十分复杂，但是该定理及其方法的核心思想，都是运用了"自指"（自我指涉）的概念，这个概念可以用前面介绍的"理发师悖论"来说明。

之前分析过，理发师定义的"顾客系统"要么是自相矛盾的，要么是不完备的，因为"他自己"无法属于这个系统。完备性和一致性不可兼得，这就是哥德尔第一不完全性定理说的意思。

进一步分析下去：如果我们想要证明这个"顾客系统"是自相矛盾的，就必须得将"他自己"加进去，加进去才发现自相矛盾，不加进去就不自相矛盾。而加了他自己后的系统，已经不是他原来（未曾考虑自己时）定义的系统。所以结论是，他不可能在他原来定义的系统内部，证明那个系统是自相矛盾的，这就是哥德尔第二不完全性定理的意思。

从上面的分析可知，问题在于"包含自身"这种自指描述，例如，理发师"只为不给自己理发的人理发"，说谎者说"我正在说谎"，罗素用严格的数学语言定义的"罗素悖论"，都是自指命题。哥德尔则模仿这些例子写出了一句话"这句话是不能证明的"。这种自指描述，被哥德尔用作他证明不完全性定理的重要工具。

"这句话是不能证明的"，如果你能证明这句话"对"，那你就得承认这句话是不能证明的，因此而自相矛盾！如果你能证明这句话"不对"，那你就承认这句话是可以证明的，那么，你就无法证明它不对。

所以，结论是，一个算术逻辑系统中，必定有一些"既不能证实，也不能证伪"的命题。

证实和证伪，正是在科学活动（科学哲学）中经常讨论的题目，人们自然而然地联想到，如何将哥德尔不完全性定理用到科学上？

哥德尔不是莫名其妙地去证明不完全性定理的，他开始的目的是解决著名德国数学家大卫·希尔伯特于 1900 年提出的 23 个问题中的第 2 题：算术公理之相容性。

这个问题来源于希尔伯特一个宏伟的计划。他的目标是将整个数学体系严格公理化，成为建立在一套牢靠基础上的宏伟大厦。说到公理化，众所周知的欧几里得几何是我们心目中公理化的例子，但是数学家与我们的标准不同，希尔伯特就认为欧几里得的《几何原本》是不严格的公理体系，最初的 5 条基本公理有很多基于直观的假设，而不是建立于用严格数学语言定义的基础上。因此，他另写了一本《几何基础》，重新定义几何，将几何学从一种具体模型上升为抽象的、完备而自洽的普遍理论。然后，希尔伯特认为，任何数学真理只要通过一代又一代人的不断努力，都能用逻辑的推理将其整合到这个数学公理大厦中。

希尔伯特认为算术公理系统是最简单的，因此，希尔伯特提出关于一个算术公理系统相容性的问题，希望能以严谨的方式来证明任意公理系统内的所有命题是彼此相容无矛盾的。换言之，希尔伯特将他的整个计划归结为在形式化的算术系统内部证明它的完备性、一致性和可判定性。

　　然而，哥德尔最后的结论，粉碎了希尔伯特的梦想，证明希尔伯特的计划行不通，因为哥德尔证明了：包含了算术的数学整体（欧氏几何不包括算术系统）如果不自相矛盾的话，就一定是不完备的，一定有这么一些"无法证明它为真，也无法证明它为假"的命题存在。希尔伯特虽然遭受了打击，也不得不承认"不完全性定理对于数学和逻辑学上具有里程碑式的意义"。

　　人们认为哥德尔不完全性定理具有划时代的意义，它的科学和哲学价值超过了数学领域，可以扩展到科学的各个方面，启发后人对哲学本质、世界基本问题的思考。美国《时代》杂志曾经评选出对 20 世纪思想产生重大影响的 100 个人，哥德尔被列为第四位。

　　不完全性定理表明"一致性与完备性不可兼得"，又使人们联想到量子物理中海森堡不确定性原理表述的"动量位置不能同时确定"的命题，于是有人认为这两个原理从哲学角度给出了人类能力发挥的极限。也有人进一步探究两个原理说法上的相似性，它们是否有深刻的内在联系？

　　当年爱因斯坦和哥德尔一起散步，是否会在一起讨论上面提出的问题？目前好像没有确切的资料证实（或证伪）这点。追溯搜寻一下历史记录：哥德尔是 1931 年发表不完全性定理，普林斯顿高等研究院于 1933 年建立于普林斯顿大学的校园里。爱因斯坦、哥德尔、外尔等都是当年受邀的第一批成员。爱因斯坦 1933 年 10 月抵达普林斯顿后便一直留下来，哥德尔则很快返回了欧洲，后来（1934—1935 年）又来访过。这些零落的时间内，两人讨论过些什么，我们不得而知，但高等研究院最初兴旺发达的是数学，哥德尔肯定做过有关不完全性定理的演讲，爱因斯坦也许对逻辑和数学不那么感兴趣，但也应该知晓这个定理在数学界掀起的轩然大波。1935 年，爱因斯坦与两位同事发表的 EPR 论文中，提出量子物理的"完备性"问题(之前还提过"自洽性"的问题),其想法以及这些逻辑学中的名词,很有可能来自哥德尔的工作。

1940 年,哥德尔正式受聘于高研院,两人便开始经常一起散步聊天。我没有查到他们聊天的记录中是否有直接谈到与量子物理及不完全性定理相关的内容,但从普林斯顿其他人的回忆中,能够悟出一点他们互相之间的思想影响。

美国著名的物理学家约翰·惠勒从 1938 年开始成为普林斯顿大学物理系教授,与爱因斯坦交往频繁,是当年许多事件的见证人。不过,当时的哥德尔已经大名鼎鼎,又很少与人交往,所以对小他 5 岁才 20 多岁的惠勒不会十分熟悉。

算法理论专家格雷戈里·蔡廷(Gregory Chaitin)在他的书中曾有如下的描述:据说惠勒曾经和两个学生一起去过哥德尔的办公室(大约 20 世纪 70 年代),想问他关于量子物理及不完全性定理之关系,哥德尔不喜欢这个题目,很生气地将他们"赶出"了办公室。

物理学家杰里米·伯恩斯坦(Jeremy Bernstein)在他的书中也提到过此事。不过大多数人认为拜访过程不是那么戏剧性的。据说当惠勒等问及此问题时,哥德尔转换了话题,要和他们讨论他正在研究的星系旋转的物理问题。一年之后,在某次小聚会中,哥德尔向惠勒等解释了他为何不愿谈论量子力学中的非决定论与数理逻辑之关系,是因为他曾经和爱因斯坦讨论过很久,他不相信量子力学和非决定论。所以,惠勒后来说到这个话题时,认为哥德尔已经被爱因斯坦"洗脑"了。

不管几位前辈如何看待不完备性与不确定性的关系,基本上可以认为,这两个原理在哲学上勾画出了人类知识的疆界、认识的极限。至少给我们一点预警:有些东西,也许我们人类是永远不可能认识的。因此有人认为,不完全性定理之于人类的意义超过了牛顿力学、万有引力、相对论等,这些科学理论可能影响几个世纪的人类,而不完全性定理(和不确定性原理)所能影响的却是整个人类的文明历史。

的确,在明白哥德尔不完全性定理之前,许多人(包括笔者)有某种潜在的观念,认为任何科学理论,都应该要有逻辑性、自洽性和完备性。而如今不完全性定理告诉我们:在同一个系统中,完备性和逻辑自洽不可兼得。也许可以如此理解,一个理论最后要求的完备性,不一定是包括在这个理论自身,而是存在于下一个更深层的理论中。例如,欧几里得几何最后被"非欧几何"所完备;牛顿力学和经典电磁论最后被量子力学和相对论在更深的层次"完备"。也就是说,正是因为一个理论中,完备性与一致性可能不相容,才提供了理论体系进一步发展的突破口。例如量子理论,虽然被实验证实不存在"隐变量",但也许可以找到另外的突破口,建立新的理论,使其暂时"不完备"的理论体系,在将来某个更深层的理论框架下完备起来。

所以,科学理论的发展只能是渐进的、分层次的,新理论也许可以超越旧理论但却无法完全取代。

对宇宙学而言,可能有更为深刻的意义。宇宙学试图包罗万象,但我们自身又是"万象"中的一部分,是无法从宇宙之外来观察宇宙的,这有点类似于理发师悖论中的"自指",也许是宇宙学解决不了的"悖论"。就像通常所说的:一个人在地球上,无法通过拽自己的头发把自己拽离地面!不过,任何时候的实际宇宙图景都是不可能"包罗万象"的,因为地球上人类的观测范围只能限制于以地球为中心的"可观测宇宙",即使以后移民到了别的星球,也还是被新的可观测范围所限制。

哥德尔和爱因斯坦有一个难能可贵的共同点:他们都重视思考和研究科学的最基本问题。爱因斯坦曾经多次解释他为什么选择物理没有选择数学,他说是因为数学的门类太多,在物理中他能够清晰地分辨哪些问题是基本的、重要的。但后来,他对他晚年的助手斯特劳斯曾经说:现在,我认识了哥德尔,知道了数学中也有类似的情形。两人到了晚年更是如此,爱因斯坦研究统一理论几十年;哥德尔陷于哲学,他曾经对人稍感抱歉地解释为什么最后几年研究的东西都不太成功,因为考虑的一直是最基础的问题。

为哥德尔写传记的华人逻辑学家王浩曾经比较过哥德尔和爱因斯坦的异同点。

两人都重视哲学,尽管对世界的哲学观点并不一样。两人性格迥异:爱因斯坦乐观合群,通情达理;哥德尔古板严肃,孤傲独行。爱因斯坦喜欢古典音乐,哥德尔认为它们索然无味;爱因斯坦积极参加和支持和平运动,哥德尔基本不涉及任何公众活动。

哥德尔 1940 年到普林斯顿高等研究院,1947 年入籍美国,爱因斯坦和摩根斯坦作为证人陪同哥德尔参加了他的美国公民考试。后来有人描述过当时有趣的一幕:本来一切顺利,但当法官问哥德尔是否认为像纳粹政权这样的独裁统治可能发生在美国时,哥德尔向他论证自己研究美国宪法时的一个重要发现:美国宪法有一个逻辑漏洞,会使得一个独裁者可以合法地掌握权力!他还想就此与法官争论一番。两名证人费了很大的劲才制止了他。

哥德尔的晚景令人唏嘘!伟大的逻辑学家最后死于"人格紊乱造成的营养不良和食物不足",这是医生的诊断结论,等同于饿死的。他病逝时的体重只有 65 磅(约 30 千克)。因为他晚年时经常怀疑有人要谋杀他,会在他的饭菜里下毒。所以他不相信别人做的饭菜,只相信他妻子做的饭菜。但是他的妻子阿黛尔比他年长好几岁,也病倒了,无法照顾他,因此他只能吃一些很简单的食物或者经常不吃饭,身体状况迅速恶化,最终才会死于营养不良。

# 3　数学常数

"在奥林匹斯山上统治着的上帝，乃是永恒的数。"——雅可比数学常数的数值不会变，它们独立于所有的物理测量。它们暗藏着大自然的某种规律吗？值得探讨。

## 3.1  最美公式

欧拉恒等式被誉为最美的数学公式：

$$e^{i\pi} + 1 = 0$$

美在哪里？美在它把 5 个数学常数融合于一个简单的等式中。由此可见数学常数的重要性。所以我们就先讲讲这个最美公式的故事，探讨数学之美。

科学中处处可见数学美，人们也常说"数学之美"。数学美是什么？我们能够体会花美水美风景美，人美画美艺术美，如何才能体会到数学的美呢？

比较艺术和花草风景而言，数学美更为抽象得多。例如，许多动物的眼睛也能分辨各种颜色，想必它们也能在一定程度上欣赏大自然的美景，虽然我们无法直接知道它们对美的"感受"，但是从"许多雄性动物"很美这个客观事实，可以猜测动物对"美丑"是有辨别能力的。

不过，动物不懂人类语言文字，更不懂数学语言及数学公式的内涵意义，不可能对数学公式产生美感，因而，它们不可能欣赏数学美。

任何美感都与文化有关，人们对美的欣赏则与个人的文化水平有关。对数学美的欣赏则与一个人的教育程度、数学素养有关。即使是学理工科的，也并不是每个人都能欣赏数学之美。换言之，没有一定数学修养的人，看到的只是一大堆繁杂讨厌的数学公式,哪有什么"美"呢?

从现代生物学的角度,科学家们用科学实验的方法测试和证明了:艺术欣赏的"美感"之来源与大脑活动有关。那么,数学公式能激发懂得它们的数学学者们的"美感"吗? 科学家们也用实验证明了这一点。

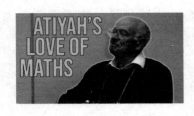

图 3.1.1　数学家阿蒂亚

例如,英国知名数学家迈克尔·阿蒂亚爵士(图 3.1.1),在 2014 年曾经利用磁共振成像技术对大脑扫描,进行了一个实验,结果证实了:数学家对数学的美感,与人们对音乐、绘画等艺术产生的美感,是来源于脑部的同一个区域:前眼窝前额皮质(mOFC)A1 区。

阿蒂亚是一位黎巴嫩裔英国数学家,他在 1966 年荣获菲尔兹奖,2004 年获阿贝尔奖,被誉为当代最伟大的数学家之一。

阿蒂亚在实验中提供了 60 个包含许多领域的数学公式,让 16 位数学家受测,分别对这些公式从丑到美打分数,并同时对他们进行脑部扫描,测量他们产生数学美感时大脑中情绪活跃的区域位置和激励程度。作者们在论文中说明了实验分析的结果,显示数学或抽象公式不但激发美感,使人产生精神上的亢奋,而且在大脑中和艺术美感共享相同的情绪区域! 见图 3.1.2。

彩图 3.1.2

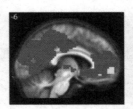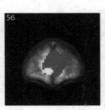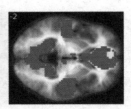

图 3.1.2　方程激活区域(黄色),与艺术激活美感区(红色)相重合

阿蒂亚等人的实验不仅为"数学之美"提供了生物学的证据,而且结果

显示人们对数学公式"美丑"的观念也十分有意思。

参与实验的这些数学专业人士,在提供给他们的 60 个公式中,评选出了一个"最丑的"和一个"最美的"数学表达式。

最丑的:

$$\frac{1}{\pi} = \frac{2\sqrt{2}}{99^2} \sum_{k=0}^{\infty} \frac{(4k)!}{(k!)^4} \frac{(26390k + 1103)}{396^{4k}}$$

最美的:

$$e^{i\pi} + 1 = 0$$

最丑的就没有什么可评论的了,那是一个看起来十分复杂令人费解的表达式,用无穷级数来计算 $1/\pi$。况且,这只是从 60 个式子中选出来的,如果给出更多的选择,一定还有更复杂、更丑的!

最美的公式被称为"欧拉恒等式",当然也仅仅是从 60 个式子中脱颖而出的。不过,欧拉恒等式一直受到科学家们的好评,例如,美国物理学家理查德·费曼就曾经称该恒等式为"数学最奇妙的公式"。

奇妙在哪里呢?因为它把自然界 5 个最基本、最重要的数学常数 e、i、π、1、0 极简极美地整合为一体。其中 e 是自然对数的底,i 是虚数的单位,π 是圆周率,剩下的 1 和 0,在数学上的地位就不言自明了。奇妙之处在于,凭什么把这 5 个常数如此简洁地联系在一起?其中还包括了像 π = 3.14159265358…,e = 2.7182818284…,这种奇怪的、无限而又不重复的超越数。看起来实在太神奇了。

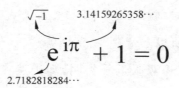

欧拉恒等式在数学领域产生了广泛影响,如三角函数、傅里叶级数、泰勒级数、概率论、群论等均有它的倩影。此外,在物理学等科学中,以及在

工程界，也都有广泛应用。

从评选结果还可发现，大多数数学家是把朴素简单看作数学之美的重要属性。简洁，也是科学理论的重要属性。

科学理论需要凝练和浓缩，这是简洁之美。把复杂的事情简单化，是一种本领和智慧。公式的简约不等于简单，是"大智若愚，大道至简，用简去繁，以少胜多"哲学之数学体现。

但是，完全不懂数学的人是无法欣赏欧拉恒等式之美的。因此，我们首先需要知道公式中 e、i、π 符号所表达的意义，也顺便了解一下欧拉其人，才会真心赞叹这简洁公式之美！

莱昂哈德·欧拉（图 3.1.3）出生于瑞士巴塞尔的一个牧师家庭。谁也没想到，这个拥有聪明大脑的男孩长大后改变了数学，影响了人类文明。

图 3.1.3　欧拉

欧拉是一个天才！他自小喜欢数学，不满 10 岁就开始自学《代数学》，年仅 13 岁便考入了巴塞尔大学，跟着约翰·伯努利学习数学和物理。在数学路上一帆风顺的欧拉笃信上帝，据说他曾在俄国叶卡捷琳娜大帝的宫廷上，向无神论者挑战时，就搬出了他的"上帝公式"：

"先生，$e^{i\pi}+1=0$，所以上帝存在，请回答！"

欧拉老年时因白内障双眼近乎失明，却仍然在数学园里辛勤耕耘，直到生命尽头。1783 年 9 月 18 日，欧拉倒在地上，抱着自己的头说道："我死了。"一代大师停止了生命，但他的数学永存！

我们言归正传,返回到最美公式。以上曾经说过,这个公式用一个等号将 5 个常数联系到一起。以后我们还会分别介绍这些神奇的数学常数的来龙去脉,这里只是简略说明:其中的 π 是我们熟悉的圆周率,圆周长与直径之比;i 叫作虚数,是 $\sqrt{-1}$,我们也早就见识过。被称为自然常数的 e,对非理工科的读者可能稍微生疏一点,但不管怎么样,e=2.71828⋯,是一个有具体数值的常数,可以用一个无限的序列(式(3.1.1))将后面的数字一个一个算出来! 所以,看得见摸得着,并不使人迷惑。

$$e = \lim_{n \to \infty} \left(1 + \frac{1}{n}\right)^n \tag{3.1.1}$$

照我看来,欧拉公式中最令人不解之处是 $e^i$,把一个虚数写到幂函数的指数中是什么意思啊? 我们通常了解的数学知识告诉我们:幂函数 $3^2$ 的意思是 2 个 3 相乘,如果是 $e^2$ 吧,也并不难懂,不过近似是 2.71828 × 2.71828,2 个 e 相乘而已,即使将指数扩展到分数、小数,也可以用乘方的逆运算,开方来理解。但是,对 $e^i$ 而言:"i 个 e 相乘",就有点莫名其妙了!

数学家严肃认真且严格谨慎,不会莫名其妙写出 $e^i$。实际上,当年欧拉写出这个函数时,并不是基于幂函数表达的原始意义,而是一个新"定义"的函数!

自然常数 e 的定义(式(3.1.1))是约翰·伯努利的哥哥雅各布·伯努利给出的。欧拉发展了这个思想,给出指数函数的定义:

$$\exp(x) = \lim_{n \to \infty} \left(1 + \frac{x}{n}\right)^n \tag{3.1.2}$$

这里的 $\exp(x)$,被欧拉称为"指数函数",由式(3.1.2)所定义。表面上看,$\exp(x)$ 与数值 2.71828 没有什么关系。然而,比较式(3.1.1)和式(3.1.2),就不难明白它们的密切关联了。并且,指数函数满足基本的指数恒等式,因此,一般也将这个指数函数的定义记为 $e^x$:

$$\exp(x) \Rightarrow e^x \tag{3.1.3}$$

将式(3.1.2)变换一下,可得到指数函数另一个等效的定义:

$$e^x = 1 + \sum_{n=1}^{\infty} \frac{x^n}{n!} = 1 + x + \frac{x^2}{2!} + \frac{x^3}{3!} + \cdots \qquad (3.1.4)$$

既然指数函数是用式(3.1.2)或式(3.1.4)定义的,将 $x=i$ 或 $x=i\pi$ 代入式(3.1.2)中后, $e^{ix}$ 的意义就不难理解了。

更进一步,将三角函数 $\cos(x)$ 及 $\sin(x)$ 的泰勒展开式代入上面的式(3.1.4)中,可以得到:

$$e^{ix} = \cos x + i\sin x \qquad (3.1.5)$$

这是欧拉公式的一般形式,它将三角函数与复指数函数关联起来,再将 $x=\pi$ 代入式(3.1.5),则可得出欧拉恒等式——最美公式。

## 3.2 虚数的故事

图3.2.1是三角函数的欧拉公式和欧拉恒等式,恒等式是一般欧拉公式的特殊情形。一旦证明了欧拉公式,将 $x=\pi$ 代进去,因 $\cos\pi = -1$, $\sin\pi = 0$,便能得到欧拉恒等式。那么,这一般"欧拉公式"是怎么来的呢?

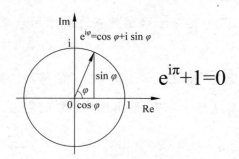

图 3.2.1　欧拉公式及它的几何解释

以现代数学知识,我们有很多种方法证明欧拉公式。例如,用指数函数的级数定义,以及三角函数 $\cos x$ 和 $\sin x$ 的泰勒展开,几步就解决了。也许不严格,但足以说明问题。

现在证明和理解这个公式都不难,但在欧拉那个年代,对虚数和复数的概念才刚刚开始,还没有定义复平面,欧拉的头脑里怎么就跳出这样一个公式呢?

俗话说"授人以鱼,不如授人以渔",重要的是学会像数学家一样思考。

知识给人力量,历史启发思考。了解一下公式发现的过程,才有可能学会像数学家一样思考。

这么漂亮的公式,欧拉是怎么想出来的?其实不是欧拉一个人的功劳,数学大师也得站在他人的肩膀上!

欧拉公式是复分析中的重要公式,它的历史也伴随着复数的诞生和发展。首先,人类对虚数以及对各种数的认识就经历了漫长的过程。

从简单的计数扩展到负数、分数、小数、无理数、复数……,每一步都是概念的革命。例如,有了正数代表收入,便需要引进负数代表亏损。分数和小数用来处理不是整数的"零头"。几何也促进了数的发现,一个正方形,边长为1,对角线的长是多少呢?是$\sqrt{2}$,第一个发现这个无理数的古希腊数学家被丢进了海里,他就是希帕索斯。

最早见识虚数的也是希腊人,是晚于希帕索斯500多年之后的海伦(希罗)(图3.2.2)。他是数学家,也是工程师、发明家。他发明的气转球,算是世界上第一部蒸汽机雏形。它比工业革命发明的蒸汽机早1000多年。海伦还发明了第一部自动售货机、蒸汽风琴、注射器……

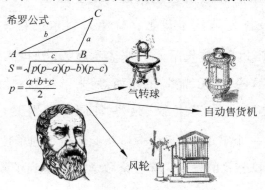

图 3.2.2 古希腊人海伦

数学上，他因为研究"平顶金字塔不可能问题"而发现了虚数。

平顶金字塔不可能问题：两个正方形之间用斜面连接，已知 $a$、$b$、$c$ 计算 $h$（图 3.2.3）。海伦得出了公式，例如，当 $a=10,b=2,c=9$ 时，解出 $h=7$。但不是一定有答案，例如，当 $a=28,b=4,c=15$ 时，得到 $h=\sqrt{-63}$。不知什么原因，海伦丢掉了那个负号，记下了 63 开方，也许他想起了被丢进海中的希帕索斯？ 总之，他失去了发现虚数的机会。

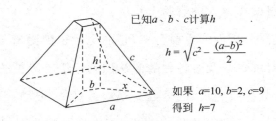

已知 $a$、$b$、$c$ 计算 $h$

$$h=\sqrt{c^2-\frac{(a-b)^2}{2}}$$

如果 $a$=10, $b$=2, $c$=9
得到 $h$=7

但不是一定有答案 例如 $a$=28, $b$=4, $c$=15
得到 $h=\sqrt{225-288}=\sqrt{-63}$,

但是，海伦记成：$h=\sqrt{63}$，也许他想：见了鬼了！

图 3.2.3　平顶金字塔不可能问题

失去机会的不止海伦一个，1000 多年间还有若干人。印度数学家、法国数学家、意大利数学家等，他们经常在解方程中碰到复数开方的根，但他们或者视而不见，或者将其视为"怪物"。不过，随着方程的虚数或复数根越来越多，数学家们的想法也越来越开通。法国人 F. 韦达（F. Viete）（1540—1603 年）首先承认了复数；荷兰人阿尔伯特·吉拉德（Albert Girard）（1595—1632 年）首先用 $\sqrt{-1}$ 来表示虚数；法国人笛卡儿起初带着嘲讽的态度看待这些"虚无缥缈"的东西，后来意识到它们的重要性，第一次使用了"虚数""实数""复数"这些名词。特别是，笛卡儿用法文 imaginaires 的第一个字母 i 表示 $\sqrt{-1}$，从此诞生了虚单位。

我们回到欧拉公式的发现：有三位数学家都走到了欧拉公式的附近，最后却擦肩而过。

英国数学家罗杰·科特斯(Roger Cotes)(1682—1716 年),1712 年研究螺旋曲线弧长的问题时写下一个公式:ln(cosq+isinq)=iq,离欧拉公式仅一步之遥。将他这个对数形式的式子两边求指数,不就得到欧拉公式了吗? 注意这个式子发现的年代,是 1712 年,欧拉还是五六岁的小娃娃。而欧拉得到欧拉公式,是 1743 年,30 多年之后。

英国数学家棣莫弗(de Moivre),1722 年写下了他的方程,从棣莫弗公式:$(\cos\theta+i\sin\theta)^n=\cos n\theta+i\sin n\theta$,也不难导出欧拉公式。

约翰·伯努利,更不用说了,他是欧拉的老师,欧拉 13 岁就跟他学习。伯努利曾经揭示复数的一些最初的几何性质。1702 年他给出了一个公式,涉及对数的性质。1727 年,欧拉和伯努利一起讨论和研究对数,来来往往很多信件都与此有关。

最有趣的是关于负数的对数的讨论,例如,ln(−1)等于什么? 伯努利认为 ln(−1)=0,他的证明如下:

−1=1/−1,所以两边取对数:ln(−1)=ln1−ln(−1)。

然后,2ln(−1)=ln1=0,得到 ln(−1)=0。

(现在知道了伯努利错在哪儿:在实数范围内负数不能取对数!)

欧拉并不相信伯努利的 ln(−1)=0 这个结果,但他当年也有所迷惑,承认有支持这一立场的论据。那时也有其他数学家参与这个问题。例如达朗贝尔,他投稿给欧拉主编的数学期刊,在他的论文中写到,对于任何正数 $x$,ln(−x)=ln(x)。欧拉私下写信给他说,这可能是错误的! 他们因此而辩论还影响了彼此的关系。

与达朗贝尔的辩论中,欧拉已经意识到负值的对数值将涉及虚数和复数。到了 1746 年,欧拉的想法已经基本成熟,不久后他便发表了欧拉公式

$$e^{ix}=\cos x+i\sin x \qquad\qquad (3.2.1)$$

那么 ln(−1)到底等于什么呢? 答案就在欧拉恒等式中:将欧拉恒等式两边取对数就出来了 ln(−1)=iπ。

## 3.3  奇妙的 π

圆周率 π 是与几何有关的数学常数，是圆的周长和其直径的比值。圆有大有小，但其周长与直径的比值保持不变，是一个常数，就是圆周率。它是一个无理数，它的小数部分是一个无限不循环小数，一般将圆周率记为π。不过，本节我们仅介绍与它相关的两个有趣事实。

人类很早就认识了圆周率，几个文明古国都有早期计算圆周率的记载，见图 3.3.1。中国的祖冲之将圆周率的结果计算到了小数点后第 7 位，国际上因此称圆周率为"祖率"，并建议将 3 月 14 日定为"祖冲之日"。

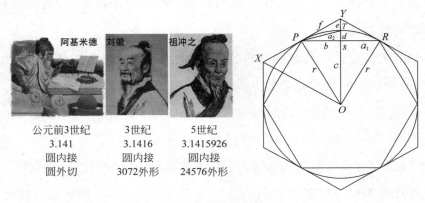

图 3.3.1  古代计算圆周率

如何计算 π? 古代通常用几何方法，例如阿基米德和刘徽、祖冲之等都是用圆外切、圆内接正多边形来逼近的方法。现代的方法就更多了，例如，可以用与概率有关的统计方法，如下面的故事。

18 世纪的法国，有一个著名的博物学家——乔治·布丰伯爵。他研究不同地区相似环境中的各种生物族群，也研究过人和猿的相似之处，以及两者来自同一个祖先的可能性，他的作品对现代生态学影响深远，他的思想对达尔文创建进化论影响很大。

难得的是，布丰同时也是一位数学家，是最早将微积分引入概率论的人之一。他提出了有趣的"布丰投针问题",可以用统计实验的方法计算圆周率 π。

如图 3.3.2 所示,用一根长度为 L 的针,随机地投向相隔为 D 的平行线($L<D$),然后实验测量出针压到线上的概率 $P$,便可以计算出 π 的数值:$π=2L/(DP)$。

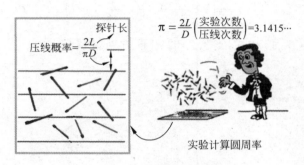

图 3.3.2  实验计算圆周率

此外,π 这个几何常数还与数论有关,1644 年,皮耶特罗·门戈利提出一个著名的数论问题:

$$1+\frac{1}{4}+\frac{1}{9}+\frac{1}{16}+\frac{1}{25}+\cdots=\sum_{k=1}^{\infty}\frac{1}{k^2}=?$$

多位数学家企图得出答案。1689 年,雅各布·伯努利说:"它小于 2!"1721 年,约翰·伯努利和丹尼尔·伯努利宣称:"大约 8/5!"1721 年,哥德巴赫说:"它在 1.64 和 1.6 之间。"

一直到 1735 年,28 岁的欧拉才解决了这个问题,所以,这个问题最后以欧拉的家乡巴塞尔命名。欧拉是位天才,谁也没想到,全部正整数平方倒数的和,最后结果中出现了与几何有关的常数 π,这个事实充分说明几何、数论,这些数学分支之间有着深刻的联系。

以下是巴塞尔问题的简单证明:

考虑泰勒展开:$\dfrac{\sin(\pi x)}{\pi x}=1-\dfrac{\pi^2 x^2}{6}+\dfrac{\pi^4 x^4}{120}+\cdots$　　　　　(3.3.1)

这个函数的根 $\dfrac{\sin(\pi x)}{\pi x}=0$，当 $x=\pm 1,\pm 2,\pm 3,\cdots$

因此，该函数可以表示成：

$$\frac{\sin(\pi x)}{\pi x}=\left(1-\frac{x^2}{1}\right)\left(1-\frac{x^2}{4}\right)\left(1-\frac{x^2}{9}\right)\left(1-\frac{x^2}{16}\right)\cdots$$

$$=1-\left(1-\frac{1}{4}+\frac{1}{9}+\frac{1}{16}+\cdots\right)x^2+\cdots \qquad (3.3.2)$$

比较式(3.3.1)和式(3.3.2)的 $x$ 平方项，便得到：

$$\frac{\pi^2}{6}=1+\frac{1}{4}+\frac{1}{9}+\frac{1}{16}+\cdots$$

## 3.4 自然常数 e

圆周率 π 是比较容易理解的常数，因为它有清楚的几何意义：周长与直径之比。欧拉恒等式中的另外一个常数 e 就不太容易直观解释了。通常将 e 叫作自然常数。不知道这个名字是否反映了这个常数的历史来源，但却十分巧妙地符合 e 的本质之一：自然界中很多增长或衰减过程（包括生物体）都可以用指数函数模拟，即 e 与增长（衰减）速度有关！ 的确是非常"自然"的一个常数！

### 3.4.1 自然常数从何而来

例如，我们观察自然界中植物的生长过程，比如一棵竹子。某一天这棵竹子高 1m，1 天之后变成了 1.1m，于是有人说：1 天长 0.1m，2 天 0.2m，10 天之后就多出 1m，变成 2m 高。

但仔细想想上面的说法，不对啊！自然界生物的生长过程不是那样的，1m 的竹子第一天长 0.1m，第二天 1.1m 的竹子应该增加得比 0.1m 更多才对，因为原来的老竹子继续长 0.1m，但昨天长出的 0.1m 的新竹子也会按同样的比例增长，无论老竹子新竹子，细胞都一样地分裂。将这个考虑进去，两天后的竹子可以如下计算：$(1+0.1)^2=1.21$，高度应该是

1.21m。依次类推，10 天之后的竹子高度是 $(1+0.1)^{10}=2.5937424601$m。这个数值比上面算出的 2m 多出了 0.5937424601m，这是容易理解的，因为考虑了每天长出的新竹子、再生新竹子、再生再生新竹子……的情况在内。听起来有点像借高利贷时候的"利滚利"。

再进一步分析这个问题，感觉越来越复杂，也越来越有趣了！上一段说法是基于竹子每天的增长率 0.1 而言。但为什么要以"天"作为竹子生长的基本时间单元呢？事实上，竹子是每时每刻都在生长的。比如说，也可以用"小时"来作为时间单元。那么，每小时的增长率是 1/240，同样考虑 10 天之后以米为单位的竹子高度：

$$h_{240}=(1+1/240)^{240}=2.71264。$$

现在我们看看 e 的数值是多少呢？从维基百科查到 $e=2.71828\cdots$，与我们刚才用小时作为时间单元计算的数值 $h_{240}=2.71264$ 挺接近的。这点是不难理解的，因为定义 e 的数学公式之一就是：

$$e=\lim_{n\to\infty}\left(1+\frac{1}{n}\right)^{n} \qquad (3.4.1)$$

而 $h_{240}$ 是 $n=240$ 时的数值。

分析到这里，读者已经不难看出自然常数 e 的"自然性"了。我们可以将上面"竹子生长"问题的时间单元再小下去，小到分、秒等，细分也就等效于将 $n$ 增大，计算结果会越来越接近自然常数 e。

因此，自然常数 e 的确是存在于自然界、宇宙中的描述自然规律的一个具有重要意义的常数。除植物生长外，动物繁殖也有类似规律。非生物界的许多变化也涉及 e，例如物理学中的放射性衰变等。

总的来说，e 涉及的是连续和变化。正因为自然常数 e 来自大自然，大自然生物界以及宇宙星辰中的许多图案都与 e 有关，例如常见的对数螺旋线等。但数学上定义的 e，是 $n$ 趋于无限时的极限，或者说，在竹子生长的例子中，所取的时间单元要趋于 0。

### 3.4.2 对数螺旋线

与自然常数 e 密切相关的对数螺旋线,十分有趣,在自然界中随处可见。

先讲一个故事。瑞士的伯努利家族是世界颇负盛名的科学世家,出了好几个有名的科学家,驰骋影响学界上百年。流体力学中有一个著名的伯努利定律,由丹尼尔·伯努利提出。丹尼尔的父亲和伯父则都是他们那个时代著名的数学家。

丹尼尔的伯父雅各布·伯努利(图 3.4.1)对数学和物理都做出了卓越的贡献。事实上,雅各布是第一次把 e 看为一个重要数学常数的数学家,前面有关 e 的逼近公式(3.4.1)就是他发现的。雅各布十分喜爱对数螺线,对其深有研究。雅各布发现对数螺线经过各种变换后,结果还是对数螺线,在惊叹这一曲线的奇妙之余,遗言要将它刻在墓碑上,并附以颂词:"纵使变化,依然故我"。可惜雕刻师不知道对数螺线,而误将阿基米德螺线刻了上去。

纵使变化 依然故我　　雅各布·伯努利

图 3.4.1　雅各布·伯努利

当然,阿基米德螺线也是一种有名的螺旋线,是最简单的螺旋线。早期的留声机中,转盘上的唱片匀速转动,唱片上沿着一条直线匀速向外爬的苍蝇的运动路线,就是阿基米德螺线。故也叫"等速螺线",见图 3.4.2(a)。

阿基米德螺线简单,容易被生成,所以人工制造产品中很多:蚊香圈、电炉丝、唱片刻痕等。自然界中有少数动态过程也显示为阿基米德螺线,如太阳电流、太阳风等,但更多是对数螺线。

图 3.4.2(b)显示的对数螺线具有许多有趣特征:首先,螺线的伸展规

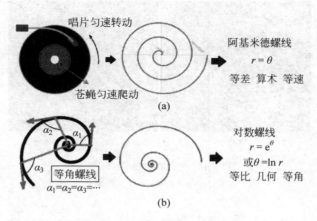

图 3.4.2　等速螺线和等角螺线

律与对数(指数)有关,这从它的极坐标方程: $\theta = \ln r$ 可以看出。另外,它的极坐标矢径 $r$ 与切线总是成等角,因而也被称为等角螺线。对数螺线最有趣的是其不变性和自相似性,它的渐伸线、渐屈线、垂足线,都仍然是对数螺旋线,它还有类似于分形的自相似性,即放大的图形仍然等同于原来的图形。

虽然对数螺线绕原点无穷多个圈,但永远到不了原点!因为当 $r = 0$ 时,$\ln r =$ 无穷,角度趋于无穷。也就是说,你不可能看到一根完全的对数螺线!对数螺线的性质,正如雅各布所说:"纵使变化,依然故我"。

### 3.4.3　飞蛾扑火的数学

我们想不到的是,与自然常数关联的对数螺线与飞蛾还有关系!飞蛾扑火是一句成语,也是我们日常所见的真实现象。然而,飞蛾为什么要采取这种自取灭亡的方式呢?其中是否隐藏着某个科学原理?

过去,科学家们解释飞蛾扑火是它们会被火焰产生的热所吸引,但现在的主流说法是,飞蛾被人造光愚弄,导航系统产生了错误(图 3.4.3)。

不妨想象一下,飞蛾祖先遗传下来的导航系统如何保证它们进行直线飞行。应该是利用月球或太阳的光线进行导航。天体是如此遥远,来自太

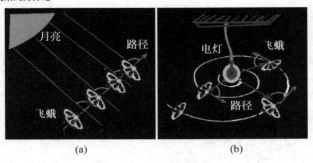

图 3.4.3　飞蛾被愚弄而扑火

（a）月亮的平行光；（b）近处的光

阳或月亮的光线都可以看作平行光线，因此，飞蛾要直线飞行，只需要保持眼睛接收到的光线的角度不变即可，见图 3.4.3(a)。然而，人类文明的发展改变了飞蛾夜间飞行的环境，特别是在灯火通明的城市里，人造光源的亮度大大胜过月亮！人造光是点光源发出的，不是平行线而是图 3.4.3(b)所示的辐射形状。但飞蛾的导航系统仍然遵循"角度不变"的老教条，于是上当了。飞蛾自以为飞的是直线，实际上是绕向中心逼近光源的对数螺线！

　　尽管飞蛾被愚弄，但它们具有导航系统之事实仍然令人惊叹！事实上，许多昆虫似乎是本能的数学家！例如，蜜蜂跳 8 字舞和摆尾舞来向同伴表示花丛与太阳方向间的关联（图 3.4.4(a)）。蜘蛛网上也有精确的对数螺旋结构（图 3.4.4(b)）。

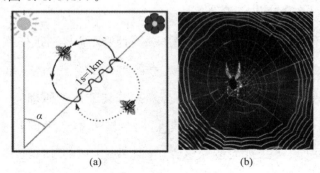

图 3.4.4　昆虫世界的数学

（a）蜜蜂的舞蹈；（b）蜘蛛网是对数螺线

　　自然界的对数螺线太多了,海岸线也有呈现对数螺线形状的,例如美国加州的半月湾,此外还有宇宙中星系等。为何动植物的生长以及海岸线星系的形成,都对这种曲线情有独钟?非常值得我们深究。

## 3.5　混沌中的常数

　　混沌指的是混乱而没有秩序的状态。混沌现象在自然界和宇宙中不少见。但是,在有序而和谐的事物中,混沌现象是如何孕育诞生的呢?这其中有十分深奥的物理规律和数学原理。深入研究混沌从有序到无序的突变过程,发现了两个数学常数。

　　混沌诞生,可以归结为系统周期性的一次又一次突变。或者,用一个更学术化的术语来说,叫作"倍周期分岔"现象(图 3.5.1)。倍周期分岔现象的一个重要特性是普适性,其中包括两个普适常数。

　　除生物群体数的变化之外,倍周期分岔现象还存在于其他很多非线性系统中。系统的参数变化时,系统的状态数越来越多,返回某一状态的周期加倍又加倍,最后从有序走向混沌。

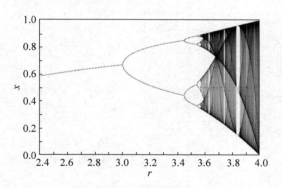

图 3.5.1　倍周期分岔现象

　　到处都有倍周期分岔现象,并且分岔的速度越来越快,相邻两个岔道口之间的距离越来越近。

　　在倍周期分岔图中有两个普适常数,分别叫作 $\delta$ 和 $\alpha$,发现它们的人是美国数学物理学家米切尔·杰·费根鲍姆(Mitchell Jay Feigenbaum,

1944—）。

有趣的是，当年费根鲍姆研究从有序过渡到混沌的倍周期分岔现象，连

计算机都没有，用的只是一个能放在口袋里的 HP-65 计算器（图 3.5.2）。一有空闲，他便一边散步、一边抽烟，不时地还把计算器拿出来编写几句程序，研究令他着迷的分岔现象。

图 3.5.2　费根鲍姆和他的 HP-65 计算器

不过，现在看起来十分简易、当时售价为 795 美元的 HP-65 是惠普公司的第一台磁卡-可编程手持式计算器，用户可以利用它编写 100 多行的程序，还可将程序存储在卡上，对磁卡进行读写。这在 20 世纪 70 年代已经显得很了不得，因而，HP-65 的绰号为"超级明星"。

费根鲍姆用他的"超级明星"，研究分岔图中出现得越来越多的那些三岔路口。他用计算器编程序算出每个三岔路口的坐标，即 $k$ 值和相应的 $x_{无穷}$ 值。画在纸上，构成了图 3.5.3。

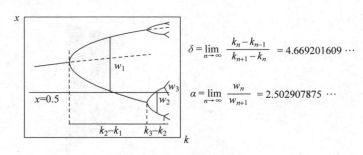

$$\delta = \lim_{n \to \infty} \frac{k_n - k_{n-1}}{k_{n+1} - k_n} = 4.669201609 \cdots$$

$$\alpha = \lim_{n \to \infty} \frac{w_n}{w_{n+1}} = 2.502907875 \cdots$$

图 3.5.3　费根鲍姆常数

费根鲍姆注意到了随着 $k$ 的增大，三岔路口到来得越来越快，越来越密集。但是，分岔的速度和宽度构成了两个常数。

费根鲍姆常数 1：当 $n$ 趋于无穷时，比值 $(k_n - k_{n-1})/(k_{n+1} - k_n)$，即分岔的速度，将收敛于一个极限值：$\delta = 4.669201609\cdots$

费根鲍姆常数 2：当 $n$ 趋于无穷时，宽度比值 $w_n/w_{n+1}$ 将收敛于另一

个极限值：$\alpha = 2.502907875\cdots$

开始时，费根鲍姆以为他的常数可以用别的已知常数表示出来。比如 $\pi$、e……著名常数，但是凑了好多天也没有凑出任何结果。因此，费根鲍姆继续奋斗，再一次拿起他的宝贝计算器，对另外几个简单非线性系统的分岔情形进行研究，计算结果让费根鲍姆激动不已，这些互相完全不同的系统，在产生混沌的过程中，也出现一模一样的两个常数！这个奇妙的事实说明，$\delta$ 和 $\alpha$ 两个常数与迭代函数的细节无关，它们反映的物理本质应该是只与混沌现象，或者说只与有序到无序过渡的某种物理规律有关。

不过，当费根鲍姆将有关这两个常数的论文寄给物理期刊后，两篇文章却都遭遇被审稿者退稿的命运。直到 3 年之后，人们对混沌现象了解更多了，思考更成熟了，学术界才逐渐认识到费根鲍姆这项工作的重要性，于是，费根鲍姆的论文得以发表，他本人也身价倍增。1982 年，费根鲍姆被聘为康奈尔大学教授。1986 年，费根鲍姆获得沃尔夫物理奖，同一年，他受聘为洛克菲勒大学教授，直到如今。"十年寒窗无人问，一举成名天下知"，学术界也是世俗社会的缩影，人性使然，毫不为怪。

费根鲍姆常数也出现在曼德勃罗集美妙的图形中（图 3.5.4）。

彩图 3.5.4

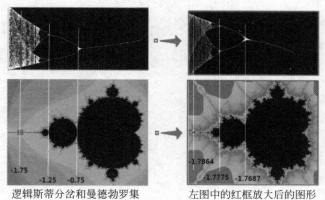

逻辑斯蒂分岔和曼德勃罗集　　　　　左图中的红框放大后的图形

图 3.5.4　倍周期分岔图和曼德勃罗集

注：连接上下两图的白色竖线表明逻辑斯蒂分岔和曼德勃罗集之间的关联
白线下端的数字对应于曼德勃罗集中不同的复数 C 的实数值

# 4 微积分后

"上帝创造了整数,其他一切都是人为的。"—— 克罗内克

"科学是微分方程,宗教是边界条件。"——阿兰·图灵

变分法及微分方程等都是微积分之后发展起来的与物理及其他学科密切相关的数学领域。普通微积分处理函数,变分法处理泛函,即处理"函数的函数"。微分方程在物理和工程中应用广泛。

## 4.1 哪条滑梯最快?

大家都见过儿童乐园的滑梯。滑梯有各种各样的形状,孩子们从上面飞速滑下,不亦乐乎!但你是否想过:什么形状的滑梯,才能使得滑动者到达地面的时间最短呢?这实际上是一个著名的数学问题(图 4.1.1),微积分方法的出现促成了它的解决,并由此开拓了一门与物理学紧密联系的新的数学分支:变分法和泛函分析。

图 4.1.1　最速滑梯问题

我们先从微积分建立后欧洲两位数学家——伯努利兄弟之争说起。

伯努利家族几个科学家之间相处得并不和谐,互相在科学成就上争名夺利、纠纷不断。尤为后人留下笑柄的是丹尼尔的父亲约翰·伯努利。

约翰·伯努利和他的哥哥雅各布·伯努利都为微积分的发展做出了杰出贡献。约翰进入巴塞尔大学时,比他大 13 岁的雅各布已经是数学系教授,因此,约翰向大哥学习数学。两人既是兄弟手足,又是导师和学生的关系。

约翰天资聪明，拜大哥为师的两年之后，数学能力就达到了能与哥哥一较高下的水平。没想到智力水平的高低并不等价于人品和修养的高低，约翰不服雅各布，雅各布却仍然将弟弟看成一个学生，两兄弟之间逐渐形成了一种不十分友好的竞争状态。约翰十分妒忌雅各布在巴塞尔大学的崇高地位，于是，无论在私底下，还是在大庭广众中，两人经常互相较劲。不过，世人可以不齿于他们互相嫉妒诋毁的人格，却不能否认他们这种竞争较劲的状态还算有利于学术。下面的几个例子便是对以上说法的佐证。

那个时代的欧洲数学家，有一股互相出难题来挑战对方的风气。1691年，哥哥雅各布建议数学家们研究悬链线问题，问题内容是两端固定的绳子（或链条）由于重力而自由下垂形成的曲线到底是个什么形状。这个问题现在看起来简单，但在微积分和牛顿力学刚刚建立的年代，却不容易解决。伽利略在 1638 年就曾经错误地猜测悬链线是抛物线，而直到 1646 年，17 岁的少年惠更斯才证明了悬链线不是抛物线。但不是抛物线，又是什么线呢？它的方程是怎么样的？当时谁也不知道答案。悬而未决的悬链线问题在等待微积分的到来！

雅各布收到了好几个答案，分别来自莱布尼茨、惠更斯以及他的弟弟约翰·伯努利。他们都成功地用微积分解决了这个问题，证明了悬链线是图 4.1.2 中所示的公式所描述的双曲余弦函数。因为这个问题的成功，骄傲自负的约翰得意非凡，认为这是他在兄弟之争中的辉煌胜利，并更加瞧不起这个他认为"愚笨"的哥哥。约翰在多年后写给朋友的一封信中，还津

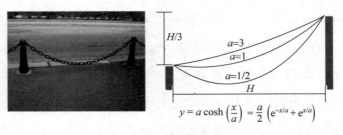

$$y = a \cosh\left(\frac{x}{a}\right) = \frac{a}{2}\left(e^{-x/a} + e^{x/a}\right)$$

图 4.1.2　悬链线和方程

津有味地描述了当时"赢了哥哥"的狂喜心态：

"我哥哥对此问题的努力一直都没有成功,最后却被我解决了。我不是想自夸,但我为什么要隐瞒真相呢？在我找到答案后第二天早上,狂奔到我哥哥那儿,看到他还在为此而苦苦挣扎。他总是像伽利略那样傻想,认为悬链线可能是抛物线。我兴奋激动地告诉他：'错了,错了！抛物线是代数曲线,悬链线却是一种超越曲线(transcendental curve)……'"

其实,雅各布的数学成就并不逊色于弟弟,他活得没有弟弟长,50岁就去世了。约翰活到了80岁。雅各布短短的学术生涯中,对微积分及概率论做出很多贡献,其中最为众人所知的是"大数定律"。此外,数学中有许多以伯努利命名的术语,其中十几个都是雅各布的功劳。

1696年,约翰也对欧洲数学家提出了一个挑战难题,那就是著名的最速降落曲线(brachistochrone curve)问题(也称最速落径问题),也就是在本节开头所问的"哪条滑梯最快？"的问题。

假设 $A$ 和 $B$ 是地面上高低不同($A$ 不低于 $B$)左右有别的两个点,如图4.1.3(a)所示。一个没有初始速度的小球,在无摩擦力只有重力的作用下从 $A$ 点滑到 $B$ 点。从 $A$ 到 $B$ 的轨道可以有很多,各自有不同的形状和长短,见图4.1.3(b)。问题是：这其中的哪一条轨道将使得小球从 $A$ 到 $B$ 的时间最短？

如果问的是距离最短,大家在直观上都知道答案是直线,但现在要求出所花时间最短的曲线,直观就不太顶用了。有人估计约翰当时已经得出了这个问题的答案,而提出这个问题的目的其一是挑战牛顿,其二则是奚落自己的哥哥。奚落雅各布是约翰的嫉妒心所致,为什么又要挑战牛顿呢？原因是在牛顿与莱布尼茨对微积分发明权的争夺战上,约翰是始终坚定地站在自己的老师莱布尼茨一边的。

约翰原来规定答案必须在1697年1月1日之前寄出,后来在莱布尼茨

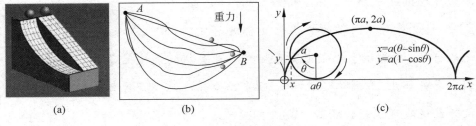

图 4.1.3　最速落径问题

的建议下，将期限延长至复活节。期限延长后，为了确保牛顿得知此事，约翰亲自将问题单独寄了一份给他。牛顿毕竟是大师，当时已经年过半百，正在忙于他的改铸新币的工作，自己也承认头脑已经大不如年轻时机敏。但无论如何，据说牛顿在下午 4 点收到邮件后，仅仅用了一个晚上便解决了这个问题，并且立即匿名寄给了约翰。这使约翰大为失望，因为他自己解决这个问题花费了两个星期的时间。虽然牛顿未署真名，约翰仍然猜出了是他，不得不佩服地说："我从利爪认出了雄狮！"复活节时，约翰共收到 5 份答案：除约翰自己和牛顿的之外，还有莱布尼茨、法国的洛必达侯爵以及他的哥哥雅各布的。

最速落径问题被视为数学史上第一个被仔细研究的变分问题，它导致了变分法的诞生，之后更开辟出泛函分析这一崭新广阔的数学领域。

变分法是什么？它和原始的微积分思想有何异同点？

有了微积分之后，人们学会了处理函数的极大值、极小值问题。比如，当我们研究上抛物体所形成的抛物线轨道时，物体能到达的最高点便对应于抛物线的极大值。用微积分的语言来描述，极大值、极小值和鞍点都是曲线上函数 $y$（抛出物体的高度）对自变量 $x$（抛出物体的水平位移）的一阶导数为 0 的点。变分法处理的也是极值问题，不同的是，变分法的自变量不是一个变数 $x$，而是一个变动的函数 $y(x)$。比如说在上述的最速落径问题中问的是，从 $A$ 到 $B$ 的各种轨道（图 4.1.3(b) 中的各种曲线），即各种

函数 $y(x)$ 中,哪一条轨道能使得下滑的时间最短。在这里,需要求极值的函数是"下滑的时间",自变量呢,则是在端点 $A$ 和 $B$ 被固定了的所有"函数"。也就是说,变分法要解决的是"函数的函数"的极值问题。数学家们将这种"函数的函数"称为"泛函",而变分之于泛函,便相当于微分之于函数。

回到当初约翰提出最速落径问题后收到的 5 份答案。尽管牛顿的才能使约翰沮丧,他仍然得意地认为自己的方法是所有答案中最简洁漂亮的,而认为他哥哥雅各布的方法最笨最差。牛顿等其余三人用的是微积分方法,在此不表。伯努利兄弟方法的差别何在呢?

约翰的答案简洁漂亮,是因为他借用了光学中费马的光程最短原理。

费马在研究光学时发现,光线总是按照时间最短的路线传播。这个原理是几何光学的基础,可以从后来的惠更斯原理推导出来。事实上,费马原理现代版更准确的表述应该是:光线总是按照时间最短、最长或平稳点的路线传播。换言之,光线传播的经典路径是变分为 0 的路径。所以事实上,有关光线传播的费马原理应该算是变分法的最早例子,但在当时,人们尚未认识到这点,也没有进行详细的理论研究。

约翰·伯努利毕竟头脑灵活,将费马原理信手拈来,把小球在重力场中的运动类比于光线在介质中的传播,导出了最速落径问题中那条费时最短的路径所满足的微分方程。这个微分方程的解,实际上就是同时代的惠更斯曾经研究过的"摆线"(沿直线滚动的圆的边界上一点的轨迹)。或者说,最速落径就是倒过来看的摆线,见图 4.1.3(c)。

约翰很得意地将最速落径问题中的物体类比于光线,貌似轻而易举地解决了问题,也得到了正确的答案(图 4.1.4(a))。用现代物理学对光的理解来审查约翰的解法,光和物体的确可以类比。但在当时,约翰的方法恐怕只能算是一种投机取巧,因为他完全没有证据来说明这种做法的正确性。

雅各布·伯努利的方法虽然被约翰认为太繁复，但却在繁复的推导中闪烁出新的变分思想的光辉。雅各布没有使用费马原理这类现成的东西，而是从重力运动下小球遵循的物理和几何规律来仔细推敲这个问题。他首先假设小球是沿着一条时间最短的路线下滑的，然后考虑：如果在某个时刻，小球的路线稍微偏离了这条时间最短的路线，走了别的什么路径的话，会发生什么情况呢（图 4.1.4(b)）？实际上雅各布的做法已经是一种变分的思想，因为他是在考虑所有微小偏离路径中使得时间最短的那个偏离。然后，雅各布用二阶导数的方法证明了，在这种情形下，为了使小球继续走时间最短的路，它的路线的微分偏离量 $dx$ 和 $dy$ 应该满足的方程，就正好是摆线所满足的微分方程。

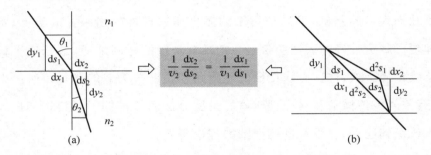

图 4.1.4　约翰使用折射定律和雅各布二阶导数的分析方法
(a) 折射定律；(b) 变分思想

从图 4.1.4 中可粗略看出，约翰简单地使用费马折射定律，雅各布用考虑二阶导数的"繁琐"方法，最后都得出了同样的公式，即图 4.1.4(a)和图 4.1.4(b)中间的方程，解决了最速落径问题。

简单之美的确诱人，但从上面的故事也悟出一个道理：外表简洁漂亮的未必正确，繁复冗长的工夫也可能并没有白费。

伯努利兄弟的你争我斗推动了变分法和泛函分析的发展。没过几年，哥哥雅各布就去世了。约翰则过不了没有竞争对手的日子，他继而把对雅各布的嫉妒心转移到了自己的天才儿子丹尼尔·伯努利的身上,据说他为了与儿子争夺一个奖项把丹尼尔赶出了家门,后来还窃取丹尼尔的成果据为己有。约翰与另一位数学家洛必达之间也有一段纷争,因为众所周知的"洛必达法则"实际上是约翰·伯努利发现的。约翰曾经被洛必达以一纸合约聘请为私人数学老师,洛必达并非有意剽窃约翰的成果,但约翰为此久久不能释怀。更多的故事就不多讲,只付诸一笑。

## 4.2　安全抛物线

其实,约翰·伯努利使用微积分的方法解决了不少有趣的问题,对数学多个领域都做出贡献,这是有目共睹的。约翰·伯努利还用莱布尼茨的无穷小量概念证明了另外一个有趣的数学力学问题——安全抛物线问题。

安全抛物线的概念最早是由意大利物理学家、数学家埃万杰利斯塔·托里拆利提出的。托里拆利只活了 39 岁,他对科学有所贡献的时期是在牛顿建立微积分及经典力学之前。实际上,托里拆利算是伽利略最后的学生,但当时伽利略被教会软禁在自家的别墅中。师生无法见面,二人只能利用通信来讨论科学问题,直到伽利略临终前三个月,托里拆利才被教会允许前往探视并陪伴导师度过了最后的时日。这时的伽利略已经卧床不起,双目失明。因而,托里拆利成为了伽利略最后口述的记录者。

那么,安全抛物线到底是条什么样的抛物线呢?

在数学上,抛物线表示的是二次曲线中的一种。然而,凡是学过中学物理的人都知道,抛物线这个中文名词来源于斜抛向空中的物体所划出的轨迹。如果保持斜抛物体初速度的大小不变,但从不同的方向抛出,那么,我们就能得到许多条,也就是一族抛物线。比如,想一想我们观看节日焰火时的情景。那时的夜空中烟火灿烂、礼花绽放,每一团焰火绚丽夺目,花团锦簇,看起来像是一团花球。但如果我们从物理和数学的角度考查一下焰火中的微粒的动力学,就会发现那一团花球的形状可能更接近抛物面。再假设这些微粒都以同样的速率往四面八方散开的话,那么,每一个焰火颗粒都将在夜空中划出一条美妙的抛物线,如图 4.2.1(a)左图所示。图 4.2.1(a)右图所表示的则是这些抛物线的一个截面,这个截面上的抛物线族的包络,在数学上仍然是一条抛物线,这个抛物形状的"包络曲线"称为"安全抛物线"。所以,安全抛物线并不是物理意义上的"抛射物曲线",而是一族此类曲线的包络。

安全抛物线在某种意义上的确是"安全"的。实际上它是安全与否的分界线。比如在图 4.2.1(b)中,假设高射炮射出炮弹的最大速度是一个给定的有限数值 $v$,那么对所有方向射出的炮弹的轨迹,存在一条"安全抛物线",在这条抛物线之外的空间中,飞机是"安全"的,炮弹不可能击中它。

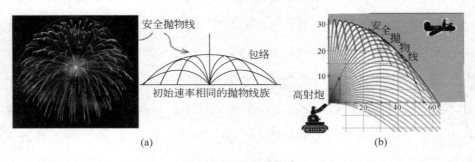

图 4.2.1　安全抛物线

(a) 焰火发射时形成的抛物线族的"包络";(b) 高射炮打不到安全抛物线后面

仅仅使用初等数学的方法也可以求得安全抛物线的方程。然而,如果使用微积分中无穷小量的概念,则可以得到一种更为简单明了的方法。

如图 4.2.2 所示,以固定速率 $V$ 但不同角度 $\theta$,斜上抛物体的轨迹可用坐标 $x$、$y$ 的抛物线方程 $f(x,y,\theta)=0$ 来表示。上抛物体方程的具体形式(图中的式(4.2.1))可以由牛顿运动定律得到,这里省去推导过程。式(4.2.1)中的 $g$ 为重力加速度,是一个常数,速率 $V$ 也是固定的。除了 $x$、$y$ 分别表示函数的自变量和因变量,抛射角度 $\theta$ 可看作这一族抛物

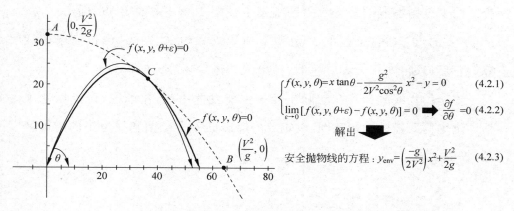

图 4.2.2　用微积分计算安全抛物线

线的变化参数。那么，如何才能求得这一族抛物线的"包络线"的方程呢？

考虑上述抛物线族中两条非常接近的抛物线，在图 4.2.2 中，它们分别用方程 $f(x,y,\theta)=0$ 和 $f(x,y,\theta+\varepsilon)=0$ 来表示。也就是说，图中粗线表示的那条抛物线的投射角是 $\theta$，而细线表示的那条抛物线的投射角是 $(\theta+\varepsilon)$。两条抛物线相交于点 $C$，它们相差一个很小的角度 $\varepsilon$，表示它们非常靠近。从上述的几何图像可以得出一个直观的结论：一族曲线的包络可以看作曲线族中无限接近的两条曲线的交点的轨迹。在给定的抛物线族的情况下，交点是图中的 $C$ 点，所以说，我们要计算的"安全抛物线"就是当参数 $\theta$ 变化时交点 $C$ 形成的轨迹。决定交点 $C$ 的方程可用式（4.2.2）表示。当 $\varepsilon$ 趋近于 0 的时候，两条抛物线无限靠近，式（4.2.2）实际上表示的就是函数 $f(x,y,\theta)$ 对 $\theta$ 的偏微分。然后，将式（4.2.1）和式（4.2.2）联立求解，消去参数 $\theta$，便可得到安全抛物线的方程，如图 4.2.2 中式（4.2.3）所示。

再进一步分析，可以从安全抛物线的方程，得到这族抛物线中水平射程最大的那条抛物线。因为所有上抛物体的轨迹都被包在安全抛物线之中，所以安全抛物线的最大水平距离也就是抛物线族能够达到的最大射程。而安全抛物线的最大水平距离发生在图 4.2.2 中的 $B$ 点，即 $x=V^2/g$，$y=0$ 的点。将这个点的 $x$ 值和 $y$ 值代入式（4.2.1）中，经过简单的运算，便可以求得 $\theta_{\max}=45°$。这时，抛出的物体达到最大射程。

安全抛物线的计算在实际生活中也能发挥用处，比如说，可以用它来估计枪炮等武器的作用范围，设定定向爆破的安全范围和战争中的防御区域，等等。

## 4.3 等时曲线

### 4.3.1 欧拉的贡献

伯努利家族的几位数学家当时曾经叱咤风云，但无论如何也掩盖不了大师级的瑞士数学家和物理学家欧拉的夺目光辉。

欧拉是约翰·伯努利的学生。尽管约翰小气到连自己的儿子都会妒忌，却早早就认识到了欧拉的数学才能。他说服了欧拉的父亲，让 16 岁的欧拉从神学转到数学，成为自己的博士生。天才的欧拉在 19 岁时就完成了他的博士论文，20 岁时被丹尼尔·伯努利邀请到俄国圣彼得堡的俄国皇家科学院工作，直到 1741 年转到柏林，他一生大部分时间都在俄国和普鲁士度过。不像老师约翰·伯努利的喜争好斗，欧拉一生仁慈且宽容。欧拉很早就有严重的视力障碍，最后 17 年双眼完全失明，但他乐观而自信，仍然用对儿子口述的方式坚持研究他平生钟爱的数学。

欧拉成就斐然、著作甚丰，在数学的每个角落都能找到他的踪影。本节将讲述他在泛函变分以及微分方程理论中的先驱作用，但这不过是大师巨大成就中的泰山一角、沧海一粟而已。

变分法始于 17 世纪末期雅各布·伯努利对最速落径问题的解答，当时，雅各布用了一点变分的思想，但却并未系统化，并且，"变分法"这个名称，是欧拉在 1766 年才根据拉格朗日的一封信中的命名而给出的。

### 4.3.2 摆线

约瑟夫·拉格朗日是法国数学家,要比欧拉晚生 30 年,但和欧拉年轻时一样也是个天才少年。

之前叙述过摆线,看起来这个被伽利略命名的摆线在当时还挺受宠的,因为好几个问题的答案都是它。摆线最原始的定义是指圆滚动时边沿一点的轨迹,后来发现最速落径是摆线,约翰·伯努利还发现光在折射率与深度成正比的介质中的轨迹也是摆线,见图 4.3.1(a)。后来数学家对等时曲线问题加以研究,答案也是摆线。

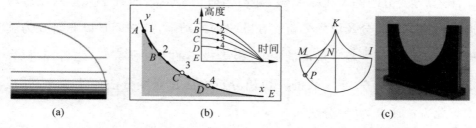

图 4.3.1　不均匀介质中的光线(a)、等时下降曲线(b)和等周期摆钟(c)

惠更斯对这几个与摆线有关的问题都进行过深入钻研。在他的《摆钟》一书中,他描述了一种周期相等的"摆"(图 4.3.1(c)),这不同于一般情形中摆线伸直且长度固定的钟摆。在上述情形下,当摆长固定时,摆锤做圆周运动。中学物理中就学过,当摆动的振幅很小时,可以近似地将摆锤的运动当作是周期不随初始位置改变的简谐运动,但如果振幅太大就不行了。惠更斯发现,如果用某种方法使得摆锤运动的轨迹是倒过来的"摆线",如此设计的摆钟将是等时的。也就是说,在这种曲线上,摆锤运动的周期不依赖于摆锤的初始位置。这个问题后来被等效地表述为如下的等时曲线问题。

设想一个在重力作用下无摩擦地向下滑动的小球,如图 4.3.1(b)所示。等时曲线是这样一种曲线:所有初始速度为 0、同时出发的小球(比如

图中的 $A$、$B$、$C$、$D$ 位置上面，分别放了小球 $1$、$2$、$3$、$4$），无论它们起始于哪一个高度，所有的小球将同时到达曲线的最低点 $E$。等时曲线乍一听有点奇怪，不同位置的小球怎么会同时到达地面呢？仔细想想就容易明白了：小球的初始位置不同，导致它们具有不同的势能，使得滑下来的速度有快有慢，距离地面远的小球滑动速度快，离地面近的小球速度慢，最后便可能同时到达。惠更斯证明了这个等时曲线是存在的，与最速落径问题的解答相同，也是倒放着的摆线。

几十年之后，年轻的拉格朗日（$19$ 岁时）又对等时曲线及等周曲线（后文详述）等变分问题发生了兴趣，并与当时已经成名的数学大师欧拉多次通信讨论有关变分及泛函分析。在欧拉的鼓励下，拉格朗日以此研究为基础写出了他的第一篇有价值的论文《极大极小的方法研究》。之后，欧拉肯定了拉格朗日 $1760$ 年发表的一篇用分析方法建立变分法的代表作，并正式将此方法命名为"变分法"。

## 4.4 等周问题

经典变分问题中有一个著名的例子：等周问题。

### 4.4.1 狄多女王的智慧

等周问题来源于公元前 $200$ 多年的古希腊。据说狄多（Dido）女王因为智慧地解决了这个问题而建立了迦太基城。问题听起来挺简单的：给你一条长度固定的绳子，如何用它在平面上围出一块最大的面积。人们很容易直观地得出问题的答案是一个圆，如同 $2000$ 多年前的狄多女王的直觉一样，好像也不需要很多智慧。但是，要真正从数学上严格证明这个问题却不那么容易了，一直到 $19$ 世纪（$1838$ 年）才被雅各·史坦纳用几何方法证明。

从图 $4.4.1$ 所示的几个图形，可以对等周问题的答案进行一点简单的直观几何解释：图（a）表明，解曲线一定是处处"凸"的。因为如果某处凹下去了的话，便可以用与图（a）类似的方法将凹处边缘对称于红线翻转到虚线的位置而变"凸"，却仍然保持同样的周长，得到更大的面积。图（b）说明：在固定周长的情形下，图形越对称，面积越大。图（c）则表明，正方形不可能是等周长图形中面积最大的。因为我们可以将方形的一个角剪去再拼到一条边上，这样做了之后得到的图形与原来方形有相同的面积和周长，但却不是完全凸的，所以面积不是最大。从以上 3 个直观理解可以得出如下结论：等周长而围成最大面积的那个图形，应该是"最凸"和"最对称"的。那么，基于直观感觉，符合这两个要求的，应该是非圆莫属！

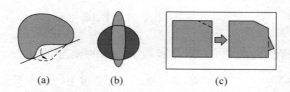

(a)　　　　(b)　　　　(c)

图 4.4.1　圆形是等周问题的解的简单说明

我们感兴趣的是从变分法的角度来分析解决这个问题。这个问题与前面所述的几个变分法例子的不同之处是除需要求泛函的极值（围成的面积最大）之外，还包含了一个较为复杂的约束条件——图形的周长不变。

1776 年，年轻的拉格朗日提出了拉氏乘子法，用以解决带约束条件的极值问题，被欧拉称赞为"这应该是不论怎样赞美也不过分的贡献"！

如何将平面上的等周问题用数学公式来描述？可以假设问题中平面上的一闭合曲线用参数 $x(t)$ 和 $y(t)$ 表示，这样，曲线所围成的面积 $A$ 和周长 $L$ 就可以分别用积分式表示为

$$A = \int_{t_1}^{t_2} f(x,y)\,\mathrm{d}t \tag{4.4.1}$$

$$L = \int_{t_1}^{t_2} g(x,y)\,\mathrm{d}t \tag{4.4.2}$$

等周问题要解决的就是要找到 $x(t)$ 和 $y(t)$ 满足的方程，使得在周长固定

的条件下（$L=C$）面积 $A$ 最大。

为了解决上述的平面等周问题，我们将首先介绍两个预备知识：第一个是为了求出曲线（$x(t)$,$y(t)$）所包围的面积而需要使用的格林定理（Green theorem）；第二个便是当年受到欧拉高度评价的拉格朗日乘子法。

### 4.4.2 格林定理

第 2 章曾经介绍过的"微积分基本定理"是微积分的精华，如下面的公式（4.4.3），这个定理将互逆的微分和积分关联起来：

$$\text{微积分基本定理：} \int_a^b F'(x)\mathrm{d}x = F(b) - F(a) \tag{4.4.3}$$

$$\text{格林定理：} \iint_D \left(\frac{\partial Q}{\partial x} - \frac{\partial P}{\partial y}\right)\mathrm{d}A = \oint_C P\,\mathrm{d}x + Q\mathrm{d}y \tag{4.4.4}$$

"微积分基本定理"说的是："一个函数 $F(x)$ 的微分的积分，等于它的边界值 $F(a)$ 和 $F(b)$ 之差！"听起来有点拗口，微分又积分，不就什么也没干吗？不过，这右边的结果并不完全是原来的未知函数 $F(x)$，而是被表示成了原函数的边界值。因此，换个说法，我们也可以如此来叙述式（4.4.3）："一个变量在一段区间中无穷小变化之和，等于变量从始到终的净变化。"这个"微积分基本定理"有什么用处呢？

微积分中，"微分"更符合动态和变量的观念，"积分"则是静态的。当微积分理论被建立起来之后，人们却发现这个"工具"的最大优势是求积分。大家从学习经验中也能体会到：绝大多数函数的微分不难得到，而绝大多数函数的积分计算却不容易！在很多时候，"基本定理"便能够帮助我们计算这些困难的积分。

还要再一次将"基本定理"换一个说法。也可以这么说：式（4.4.3）是将一个一维的积分转换成了边界上零维的积分。所以说，"基本定理"的精神也可以理解为将积分的维数降低了一阶，或许这就是用它能简化积分计算的关键所在！既然如此，我们经常会碰到多变量（例如二维）的困难积分,那么,有没有什么定理能把平面上二维的积分转换成一维边界上的积分呢?答案是肯定的,这就是格林定理,见式(4.4.4)。因此,可以说格林定理的实质就是微积分基本定理在二维的推广。

实际上,格林定理在物理中有多种表述方式:斯托克斯定理、散度定理、高斯定理……,其实这些都可以说是同一个概念的不同名称而已。也许应用的环境和空间维数稍有不同,但它们表达的内在精神是一致的。

理解数学公式的"精神"所在很重要。现在,我们该轮到研究式(4.4.4)及图4.4.2的精神了,首先看看式(4.4.4):它的左边是一个在面积 $D$ 上的二重积分,而右边则是一个沿着 $D$ 的边界 $C$ 进行的线积分。也就是说,这个式子将一个二重积分与比之低一维的线积分联系起来。一个对面积的积分怎么就变成了一个边界上的线积分呢?这里如果结合一点物理可以更容易理解。事实上,格林是在研究静电场和静磁场等物理问题时得到格林定理的,这个定理也能很方便地用于流体力学的研究中。在电磁场或流体力学的具体物理情况下,函数 $P(x,y)$ 和 $Q(x,y)$ 可以看作某个力的分量,而格林定理也就可以用力场的性质来描述。比如说,在力场的矢量分析中,我们可以定义矢量场的旋度和散度等概念。如此一来,我们便可以把这些符号写进格林定理中而使它改头换面成另一种更符合某种物理内容的模样,比如散度定理。如图4.4.2右图所示,力场对面积的积分可以看作许多无限小的圆圈线积分之和。当这些小圈线积分相加时,区域内部各个小圈积分的邻近部分因为积分方向相反而互相抵消了,最后便只剩下了边缘部分的积分(图4.4.2左图)。

格林定理在物理中有广泛的应用。不过,我们这里使用格林定理的目的,不是解决电磁场或流体力学的问题,而只是用它求曲线的面积而已。这只需要令式(4.4.4)中的函数 $Q=x/2,P=-y/2$ 就可以得到了。

格林定理：$\iint_D \left( \dfrac{\partial Q}{\partial x} - \dfrac{\partial P}{\partial y} \right) \mathrm{d}A = \oint_C P\mathrm{d}x + Q\mathrm{d}y$

$P(x, y), Q(x, y)$ 是 $x$、$y$ 的函数

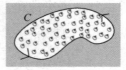

图 4.4.2　格林定理是二维的斯托克斯定理

如此可得到等周问题面积表达式(4.4.1)中的被积函数 $f(x, y) = \dfrac{(xy' - yx')}{2}$。

另外，周长表达式(4.4.2)中的被积函数 $g(x, y) = \sqrt{(x')^2 + (y')^2}$。

### 4.4.3　拉格朗日乘子法

拉格朗日当年用"拉格朗日乘子法"是为了解决更为困难的变分问题，但这个方法后来在解决带约束条件的一般函数极值问题中发挥了很大的作用。为了更好地理解拉格朗日乘子法，我们逆向这个方法的历史过程，从更简单的函数极值问题开始叙述。

首先举两个带约束条件函数极值问题的例子。图 4.4.3(a)所示的小狗就面临爬到高处的极值问题：爬得越高，能吃到的食物越多。如果小狗是自由的，它当然希望爬到山顶上的最高点。这是无约束条件的极值问题，"自由"便意味着小狗没有约束。但是，如果小狗被主人拴在了大柱子上，它的行动便受到了绳子长度的约束，因此它可能爬不到山坡顶，而只能爬到一定的高度。在图 4.4.3(a)中，浅色曲线表示山坡不同高度的等高线，圆圈则对应于绳子给小狗的约束方程。与圆圈相切的那条浅色线的高度，就是小狗能爬到的最大高度。

图 4.4.3(b)所示的是一个在企业中常常会碰到的最小花费问题。比如，某公司某月要用两家不同的工厂 A 和 B 来生产 90 台平板电脑。这两

家工厂生产不同数目($n$ 台)电脑所给出的价格 $J(n)$ 不是简单的线性关系。比如说，A 厂给出生产 $n$ 台电脑的价格 $J_A(n) = 6n^2$，而 B 厂生产 $n$ 台电脑的价格 $J_B(n) = 12n^2$。

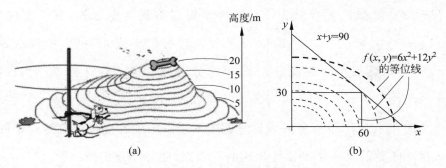

图 4.4.3　带约束条件函数极值问题的例子
(a) 受到绳子约束的小狗；(b) 最小花费问题图解

问题是，如何将这 90 台电脑的任务分配给两个工厂，才能达到花费最少的目的？

现在，我们将上面的任务分配抽象成数学问题。我们仍然用处理变分时所用的 $f(x, y)$ 和 $g(x, y)$ 来表示极值函数和约束条件。但是，需要注意的一点是：在变分问题中（式(4.4.1)和式(4.4.2)），它们不是直接欲求极值的函数和约束条件本身，而是积分号内的被积函数，积分之后的面积 $A$ 及周长 $L$ 才是目标函数和约束条件。而在上述这个更为简单的函数最优化问题中，$f(x, y)$ 和 $g(x, y)$ 本身就是目标函数和约束条件。

如图 4.4.3(b)所示的例子，如果该公司请 A 厂和 B 厂生产的电脑数目分别是 $x$ 和 $y$，那么所需要的总费用则可以表示成 $x$、$y$ 的函数。目标函数 $f(x, y) = 6x^2 + 12y^2$。所需电脑的总数目是固定的 90 台，因而约束条件为 $g(x, y) = x + y - 90 = 0$。这样，问题可以重新被叙述为：在满足 $g(x, y) = 0$（90 台）的条件下，求花费 $f(x, y)$ 的最小值。

如何用拉格朗日乘子法解决这个问题呢？拉格朗日的妙招是引进一个"乘子 $\lambda$"，然后将约束条件和目标函数两个方程并成一个方程。也就是

说,产生一个没有约束条件的新的目标函数 $F$:

$$F(x,y,\lambda) = f(x,y) - \lambda g(x,y) = 6x^2 + 12y^2 - \lambda(x+y-90)$$

因为 $F(x,y,\lambda)$ 没有任何条件,便可以用一般函数求极值的方法,即分别令 $F$ 对 3 个变量的偏导数为零。这样就可以得到 3 个方程,然后则能解出:当 $x=60, y=30, \lambda=720$ 时,$F(x,y,\lambda)$ 有极小值 32400。换句话说,生产 90 台电脑最小的花费是 32400 元,分配方案是 A 厂生产 60 台,B 厂生产 30 台。

从图 4.4.3(b) 可以更好地理解这个例子。图中的直线代表约束条件,它与目标函数的某一条等位线相切的那个点,便是问题的解。

拉氏乘子 $\lambda$ 在不同的具体问题中有其不同的物理意义。我们稍微解释一下这个例子中拉氏乘子 $\lambda$ 的意义:它是约束条件改变时目标函数变化的最大增长率。换言之,当问题中需要生产的电脑数目不是 90 台而是 91 台(或 89 台)的时候,花费的最大变化是从 32400 元增加 720 元或者减少 720 元。

这个例子中的约束条件只有一个,但一般应用拉格朗日乘子法时,约束条件的数目可以扩展到更多。总之,拉氏乘子法的实质就是对 $n$ 个约束条件引进 $n$ 个乘子,产生新的不带任何约束条件的目标函数,将带约束的极值问题转换成了不附加任何条件的极值问题。

对变分法中的等周问题,也可以引入同样的拉格朗日乘子 $\lambda$,将问题转换成不带约束条件的 $F$ 的变分问题:

$$A = \int_{t_1}^{t_2} f(x,y)\,\mathrm{d}t = \int_{t_1}^{t_2} \frac{1}{2}(x\dot{y} - y\dot{x})\,\mathrm{d}t \tag{4.4.5}$$

$$L = \int_{t_1}^{t_2} g(x,y)\,\mathrm{d}t = \int_{t_1}^{t_2} \sqrt{(\dot{x})^2 + (\dot{y})^2}\,\mathrm{d}t \tag{4.4.6}$$

$$F = \int_{t_1}^{t_2} \left[ \frac{1}{2}(x\dot{y} - y\dot{x}) - \lambda\sqrt{(\dot{x})^2 + (\dot{y})^2} \right]\mathrm{d}t \tag{4.4.7}$$

式中，$\dot{x}$、$\dot{y}$ 表示 $x$、$y$ 对 $t$ 的微商。

最后得到无条件的泛函 $F$ 的欧拉-拉格朗日方程，解出 $x(t)$ 和 $y(t)$ 后可知，它们所满足的方程是一个圆。这个问题中的拉氏乘子 $\lambda$ 则是所得圆的曲率半径。另外，从微分方程求解 $x(t)$、$y(t)$ 时所得到的 2 个任意常数，则确定了圆心所在的位置。

## 4.5　数学家的绝招

### 4.5.1　欧拉-拉格朗日方程

拉格朗日的功劳是完全用分析的方法解决了一般的变分问题。当牛顿初建微积分的时候，主要考虑时间为自变量。推广到更一般的情形，自变量数目可以增多，但仍然是一个分离而有限的数目。变分法要处理的自变量却是一个变幻无穷的函数，从原始微积分的角度来看，那意味着自变量的数目是无限多！该如何处理这种无限多个连续自变量的问题呢？数学家们总是有他们的绝招。我们在下面简单描述一下变分分析的精神所在，并由此而导出变分法中基本的欧拉-拉格朗日方程。

经典的变分问题除了曾经叙述过的最速落径问题、光线轨迹、等时曲线、等周问题，还有测地线问题、牛顿最早提出的阻力最小的旋转曲面问题，等等。这些问题都可以表示成下面的积分形式：

$$J = \int_{x_1}^{x_2} f(x, y, y') \mathrm{d}x \tag{4.5.1}$$

式中，$x$ 是自变量，$y$ 是 $x$ 的函数，可以写成 $y(x)$，$y'$ 是 $y(x)$ 对 $x$ 的微商。因为 $y$ 是一个函数，所以，$J$ 便是函数的函数，即泛函。变分法提出的问题就是：对什么样的函数 $y$，$J$ 将取极小（或极大）值？为叙述方便起见，在下文中只谈及"极小值"。

假设这个极值函数已经找到，用图 4.5.1(b)中的曲线 $y(x)$ 表示。也就是说，$y(x)$ 是我们要求的泛函问题的解，它使得式(4.5.1)的泛函 $J$ 有极小值。那么，泛函在极值附近将有些什么特点呢？为此，我们可以先看看一般函数在极值附近的特点。曲线在极值附近时，函数所对应的一阶导数为 0，也就是说，极值附近曲线的切线是水平方向的，切线水平意味着自变量变化时，函数值不怎么变化，既不上升也不下降，变化（即函数的微分）为 0。对泛函的情况也是这样，如果泛函 $J$ 在 $y(x)$ 有极值的话，当解函数 $y(x)$ 变化时，泛函 $J$ 几乎不变化，即变分为 0。

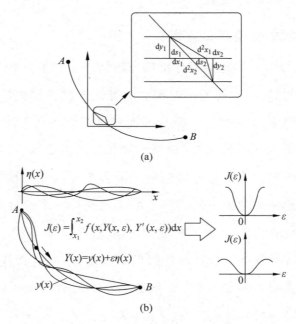

图 4.5.1　变分法分析

（a）雅可比分析最速落径问题；（b）拉格朗日变分分析

　　函数中自变量 $x$ 的变化好说，我们用 $dx$ 来表示其变化。比如，$x$ 是实数，$dx$ 便是一个很小的实数而已。而泛函是函数的函数，泛函的自变量是一个函数，函数可以千奇百怪地变化，在最速落径问题中唯一需要满足的条件是"在 $A$ 和 $B$ 两个端点的函数值是固定的"。那么，我们如何用数学语言来表示 $y(x)$ 附近变化的各种函数呢？在拉普拉斯之前，比如雅可比，是将自变量 $x$ 在某些位置的数值来一点点变化，如图 4.5.1（a）所示，再运用几何直观的方法,加上具体问题的物理规律,从而得到函数 $y(x)$ 的变化,然后令此变化为 0 而导出具体问题的方程。欧拉后来推广了雅可比求解最速落径问题的方法到一般的情况,将 $y(x)$ 分成若干段一节节更小的曲线,用求和代替式(4.5.1)中的积分,得到了泛函分析中最重要的欧拉方程。但欧拉所使用的,万变不离其宗,仍然属于变动 $x$ 的几何类方法。

拉普拉斯很巧妙地改进了欧拉的办法。如图 4.5.1(b)所示,所有的千奇百怪的试验函数 $Y(x)$,可以写成解函数 $y(x)$ 加上一个扰动函数之和。这个扰动函数则写成一个小实数变量 $\varepsilon$ 与另一个任意连续函数 $\eta(x)$ 的乘积:

$$Y(x) = y(x) + \varepsilon\eta(x) \qquad\qquad (4.5.2)$$

这样做的结果就像是将扰动的幅度变化和形状变化分开来了。幅度变化取决于实数变量 $\varepsilon$,而函数形状的变化则由函数 $\eta(x)$ 表征。对函数 $\eta(x)$ 的要求不多:它们可以是具有连续的一阶导数,且两个端点值为 0 的任何函数,如图 4.5.1(b)左上角的曲线所示。然后,将表达式(4.5.2)代入积分式(4.5.1)的被积函数 $f(x, Y, Y')$ 中。因为公式的右边是关于 $x$ 的积分,积分之后,表面上看起来,函数 $\eta(x)$ 消失了,积分结果 $J(\varepsilon)$ 只是 $\varepsilon$ 的函数。但实际上,正确的说法应该是:函数 $\eta(x)$ 被吸收到了 $J(\varepsilon)$ 之中。因为不同的 $\eta(x)$,将会得到不同形状的 $J(\varepsilon)$。图 4.5.1(b)中右边的两个函数曲线,便是对应于不同的 $\eta(x)$ 而得到的不同 $J(\varepsilon)$。

虽然不同的 $\eta(x)$ 得到不同的 $J(\varepsilon)$,但这所有的 $J(\varepsilon)$ 函数有一个共同的特点:当 $\varepsilon$ 等于 0 的时候,函数 $J(\varepsilon)$ 的一阶导数为 0,这是函数取极值的必要条件。如图 4.5.1(b)右图所示,也就是说,函数 $J(\varepsilon)$ 在 0 点有极小值。这个性质可以很容易地从式(4.5.2)看出来,因为当 $\varepsilon$ 等于 0 的时候,试验函数就是该泛函问题要寻求的解:$y(x)$,这个解函数将使得 $J$ 的变分为 0,亦即 $J(\varepsilon)$ 对 $\varepsilon$ 的微分为 0。

以上描述的方法很巧妙地将泛函变分的问题，等效地转化成了一个函数 $J(\varepsilon)$ 对一个实数变量 $\varepsilon$ 取微分求极值的问题，将对函数的求导变成了对单变量的求导。当然，两者仍然是有所区别的，这区别在于这里包括了一个任意函数 $\eta(x)$。解决这个后续问题时玩的花招也是在这"任意"二字上。

首先，类似于解决函数极值的方法，我们需要求 $J(\varepsilon)$ 对 $\varepsilon$ 的微分。根据微积分的基本法则，因为积分限与 $\varepsilon$ 无关，微分符号便可以直接穿过式(4.5.1)右边的积分符号而变成全微分应用到 $f(x, Y, Y')$ 上。然后再利用 $J(\varepsilon)$ 对 $\varepsilon$ 的微分等于 0 这一点，得到一个积分为 0 的表达式。如下面的式(4.5.3)所示，这个积分的被积函数是两部分的乘积：

$$\int_{x_1}^{x_2} \left[ \frac{\partial f}{\partial Y} - \frac{\mathrm{d}}{\mathrm{d}x} \left( \frac{\partial f}{\partial Y'} \right) \right] \eta(x) \,\mathrm{d}x = 0 \qquad (4.5.3)$$

$$\frac{\mathrm{d}}{\mathrm{d}x} \frac{\partial f}{\partial Y'} - \frac{\partial f}{\partial Y} = 0 \qquad (4.5.4)$$

式(4.5.3)中，被积函数的第一部分是 $f$ 的偏微分表达式，第二部分则是任意函数 $\eta(x)$。现在，这两部分相乘之后再积分的结果为 0。而我们知道，$\eta(x)$ 是一个任意函数，怎么样的函数乘上一个任意函数再积分后将会使得结果总是为 0 呢？显然只有当这个函数为 0 的时候才能做到这点。如此一来，我们便得到了如式(4.5.4)所示的微分方程。这就是变分法中最基本的欧拉-拉格朗日方程。

我们曾经多次提到"微分方程"这个名词，但尚未正式给出过解释或定义。读者大概也能顾名思义、心领神会：微分方程就是包含了自变量、函数，以及函数的导数的方程。在初等数学中有代数方程，代数方程的解是一个（或多个）常数值。而微分方程的解则是一个（或多个）满足方程的函数。欧拉-拉格朗日方程就是一个微分方程，变分法和微分方程的目的一致，都是要求解未知函数。

### 4.5.2 弦振动问题

18 世纪是西方音乐史中的古典主义时期,那个时代的大多数数学家和物理学家也喜欢音乐,对音乐的爱好促成了他们对弦线振动规律的研究。琴弦为什么能发出各种各样美妙动听的声音? 音乐的声音是如何在琴弦上和空间中传播的? 琴弦的振动又是怎样传播的? 当时的好几位数学家都对弦振动问题做出过贡献,达朗贝尔 1747 年向柏林科学院提交的论文《弦振动形成曲线的研究》被视为此领域的经典。

法国人达朗贝尔有一个悲惨的身世。他是一位军官和法国女作家唐森的私生子,唐森是当时颇为著名的沙龙女主人。达朗贝尔出生后数天便被母亲遗弃在教堂的台阶上,所以被以教堂的名字命名。后来,达朗贝尔的生父安排一个装玻璃工人的家庭收养了他,并一直暗中资助,给予抚养费,使达朗贝尔从小能受到良好的教育。

达朗贝尔兴趣广泛,除数学和物理之外,还研究过心理学、哲学及音乐理论,并都有所建树。后来,达朗贝尔致力于编纂法国《百科全书》,是法国百科全书派的主要首领。尽管达朗贝尔对科学的许多方面都做出了杰出贡献,是法国当时的著名人物,但因为他生前反对宗教,死后巴黎市政府拒绝为他举行葬礼。

弦线的运动不同于当时研究最多的牛顿经典力学中单个粒子的运动轨迹,而是要研究一条弦线上所有(无穷多个)质点的运动轨迹。所幸当时已经有了微积分的概念,因而可以抽象地把一条弦想象成由很多段极微小的部分组成。如图 4.5.2(a)所示,这些部分的 $x$ 位置各不相同。运动时,每个 $x$ 位置不同的一小段弦线的高度 $U$ 随时间变化的规律也不一样,因此,整条一维弦线的运动可以用一两个变量的函数 $U(x,t)$ 来描述。

1727 年,英国数学家布鲁克·泰勒和约翰·伯努利分别得到了弦振动的方程,也就是一维的波动方程:

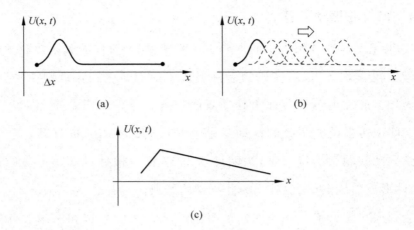

图 4.5.2  弦线（a）、弦上波动的传播（b）与不同的初始条件（c）

$$U_{tt} - \alpha^2 U_{xx} = 0 \qquad\qquad (4.5.5)$$

式中，$U_{tt}$ 和 $U_{xx}$ 分别表示 $U$ 对 $t$ 的二阶偏微分和 $U$ 对 $x$ 的二阶偏微分。

弦振动方程中包含了未知函数对两个自变量的微分：$U$ 对 $t$ 的微分，以及 $U$ 对 $x$ 的微分，因而，它是一个偏微分方程。

1747 年，达朗贝尔给出了弦振动方程（4.5.5）的通解：

$$U = \phi(x + \alpha t) + \Psi(x - \alpha t) \qquad\qquad (4.5.6)$$

所谓通解，就是说实际解有无穷多个，必须由一些附加条件（初始条件和边界条件）来决定具体物理问题的具体解。

式（4.5.6）后来被称为达朗贝尔解，其中的 $\phi$、$\Psi$ 为任意函数，而 $\phi(x + \alpha t)$ 和 $\Psi(x - \alpha t)$ 分别代表沿 $-x$ 方向和沿 $+x$ 方向以速度 $\alpha$ 传播的波。函数 $\phi$、$\Psi$ 的具体形式可以由振动的初始条件决定。比如，对乐器上的弦来说，初始条件就是演奏者拨动琴弦的方式。对同样的弦乐器，用薄片拨动和用弓在弦上拉动，效果是不一样的，这是因为两种方法给出了两种不同的初始条件（图 4.5.2(c)），然后，初始扰动沿着琴弦传播，如图 4.5.2(b) 所示，使人听起来便有了不同声音的感觉。

我们在日常生活中对波动的传播早有体会，"一石激起千层浪"描述的是水波的传递,振动在琴弦上的传播可以类似于在一根绳子上传递的扰动:当我们用力上下抖动一条一头固定了的绳子,就会发现在绳子上形成一个又一个向前传播的波,抖得越快波浪就越密,也就传得越快。

继达朗贝尔得出弦振动方程的通解之后,欧拉在 1749 年考虑了当弦线的初始形状为正弦级数时的特解,那是正弦级数的叠加。1753 年,丹尼尔·伯努利在欧拉结果的基础上,对此提出一个新观点,他猜测弦线的任何初始形状都可以表示成正弦级数,因而弦振动所有的解都可以用正弦周期函数的线性组合来表示。现在看来,这不就是傅里叶变换的思想吗,但当时这个观点却遭到欧拉和达朗贝尔的强烈反对,在数学家中引起了激烈的争论。

1759 年,拉格朗日也对谐波叠加表示信号的想法提出强烈反对。他认为这种方法没多大用处,他的理由是:要知道实际信号并不像绳子和琴弦,信号是会中断的!就好比正在演奏时突然断了的一根弦,拉格朗日说,怎么用三角函数来分析断了的弦呢?

长江后浪推前浪,又过了 50 年,拉格朗日的学生傅里叶登场了。

## 4.6  傅里叶变换

### 4.6.1  数学群雄

现在回顾起来,微积分创立之后的 18、19 世纪欧洲数学界,的确群雄聚集,热闹非凡。在微积分的两位祖师爷牛顿和莱布尼茨当初吵得不可开交的时代里,牛顿的威望不可一世。但在微积分理论被完善发展的年代,却大多数是莱布尼茨的门徒们的功劳,如前面我们叙述过的约翰·伯努利和雅各布·伯努利,都是莱布尼茨的学生。后来的欧拉、丹尼尔·伯努利,乃至法国的达朗贝尔、拉格朗日、拉普拉斯、傅里叶……,都是莱布尼茨这边一脉相承的后继之人。相形之下,牛顿有出息的门徒甚少,颇似孤家寡人，见图 4.6.1。

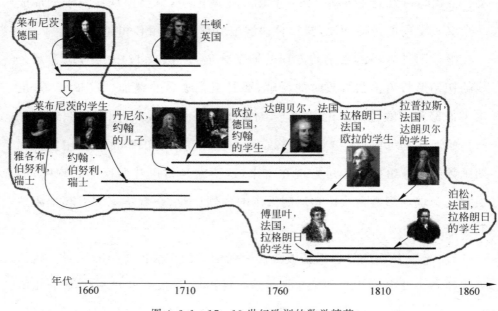

图 4.6.1　17—19 世纪欧洲的数学精英

为何莱布尼茨一派桃李芬芳，牛顿旗下却后继无人呢？其原因一方面与英国的保守观念有关，另一方面也与两位大师的风格有关。英国一派坚持牛顿所用的几何方法，甚至坚持使用牛顿"流数术"的语言，大有故步自封的味道。而莱布尼茨一派后来则朝分析的方向大步向前发展。几何方法虽然直观易懂，发展毕竟缓慢且有限。由莱布尼茨创立，欧拉、拉格朗日等发展的分析学（Analysis），促成当时非英国派数学家做出了不少开拓性的贡献。所以，要学好数学和物理，不能只靠几何和直观，分析还是要学，数学公式还是少不了的。

那个时代有名的数学家中，不少是法国人，法国是一个注重数理演绎、具有数理科学传统的国家。约瑟夫·傅里叶也是法国数学家。他出身贫民，9 岁时父母双亡，由教会提供他到军校就读，在学校里傅里叶表现出对数学的特别兴趣和天分，但法国大革命中断了他的学业。大革命中，他曾经热衷于地方行政事务,也曾经跟随拿破仑远征埃及,后来被拿破仑授予男爵称号。在几经仕途沉浮之后,傅里叶最后于 1815 年,拿破仑王朝的末期,辞去了爵位和官职,返回巴黎全心全意地投入数学研究。

不过,傅里叶的最重要成果,广为人知的傅里叶级数和傅里叶变换,是他在大革命期间从政当官时业余完成的。他当时热衷于热力学的研究,为了表示物体的温度分布,他提出任何周期函数都可以用与基频具有谐波关系的正弦函数来表示。现在我们得知,这个结论不是十分正确的,他的学生狄利克雷后来对此结论进行修正,并给出了完整的证明。狄利克雷将"任何周期函数"修正为满足狄利克雷条件的周期函数,即对有限区间内只有有限个间断点的函数。1807 年,傅里叶就他的热力学研究结果向法国科学院呈交了一篇长长的论文。但这篇文章遭到当时几个数学权威的反对未曾发表。这其中特别是拉格朗日,仍然坚持他 50 年前的观点。傅里叶将文章改了又改,最后才得以发表,并形成了《热的解析理论》这部划时代的著作。

刚才还说过莱布尼茨底下人才济济,牛顿则比之不足。不过,傅里叶的工作对英国人格林·乔治(Green George,1793—1841 年)的影响很大,格林把数学分析应用到静电场和静磁场现象的研究。之后又有威廉·罗恩·哈密顿(William Rowan Hamilton,1805—1865 年)、乔治·加布里埃尔·斯托克斯(George Gabriel Stokes,1819—1903 年)、威廉·汤姆孙(William Thomson,1824—1907 年)等人,剑桥学派的崛起为英国人争了一口气,扳回了战局!

### 4.6.2 数学的诗篇

欧拉-拉格朗日方程是泛函有极值的必要条件,它的建立使变分法与微分方程联系起来,变分法与欧拉-拉格朗日方程代表的是同一个物理问题。因此,这两种方法可以互相转化。通过解微分方程能得到变分问题的解，而当微分方程的边值问题难以求出解析解的情形下，变分原理给出的数值近似解提供了一种切合实际的应用方式，比如现在在物理及工程中应用广泛的有限元法便是一例。

之后，对各种偏微分方程的研究导致了数学物理方程的建立，偏微分方程成为各个物理领域的基石。什么是偏微分方程？未知函数只含一个自变量的导数的方程叫作常微分方程，如果方程中包含多于一个自变量的导数的话，则就是偏微分方程。

历史上研究最早的偏微分方程是前文已经介绍过的波动方程，从研究乐器中弦的微小横振动开始。后来，傅里叶的理论对求解微分方程至关重要。因为有了傅里叶变换，在一定的条件下，可以通过这种积分变换的方法，把带导数的微分方程转换为不带导数的代数方程。

傅里叶的理论源于音乐，从描述琴弦振动开始，后来由于对热传导的研究而发展建立，但它的效果和影响远远不止于此，它的应用也不仅仅限于求解微分方程。傅里叶等人，甚至包括当代的数学家、物理学家、工程师们，将这个理论扩展完善成了一个庞大的家族：从傅里叶级数、傅里叶变换，到傅里叶分析；从周期函数开始，到非周期的、连续的、离散的、模拟的、数值的、快速的、短时的、时间的、空间的、多维的……当代的文明社会，各种"信息"漫天遍地，无所不在；而为了处理"信息"，以支撑这个文明大厦的科学技术领域中，傅里叶的家族成员也比比皆是，无所不在！

傅里叶在他的热理论中所用的分析方法，包括傅里叶理论，无疑是数学物理中一首绝美的诗篇。在此仅以时间 $t$ 为自变量的函数的傅里叶变换为例，说明傅里叶理论的数学之美。

傅里叶分析的方法开始于音乐，我们仍然首先用音乐为例来解释它。声音信号是一种在空间和介质中传播的机械振动，振动的强度随着时间而变化。也就是说，一个原始的声音信息可以用在一系列的时间点测量的声音强度来表示。

例如,当我们按下电子琴的中心 C 按键时,电子琴发出的"哆"的声音强度可以表示为时间的函数。在图 4.6.2 中,左图及右上图所示的就是这个声音强度表示为时间的函数图。可以看出,声音强度随着时间快速地变化:在 1s 之内,从强到弱变化上百次。这两个在时间域表示的声音强度,也许的确直接反映了我们的耳膜在受到震动时运动的情形。但是,它们对我们却并不直观。

给我们大脑更深刻印象的,不是在每一个局部时间点的振动强度,而是这个信息后面潜藏着的某种更为整体效应的东西。当你按下这个琴键,或者歌唱家在演唱这一个音符时,你感觉到任何随着时间快速变化的信息吗?没有啊。你感觉你听到的是一个始终"固定不变"的调子。因而,人们在音乐中也只用一个符号"中心 C"来表示它。

正是有了傅里叶分析的方法,人们才从物理上认识到"中心 C"这个音乐符号中蕴藏的深刻的科学含义,原来它代表的是某一个"振动频率"。

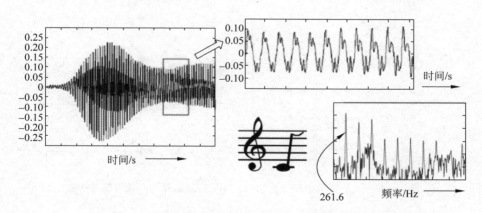

图 4.6.2　电子琴发出的"哆"(中心 C)的时域和频域的函数图

图 4.6.2 右下图所示的,就是"哆"所对应的傅里叶频谱图。从一个声音的频谱图,我们能更容易地认出这个信号对应于哪一个琴键,比如是中心 C 的"哆",还是旁边的"唻"?

往往，一个声音信息中不止包含一个频率。把一个声音信息中潜藏着的所有频率分量都找出来，这个过程便是傅里叶分析，或者在我们这里的具体问题中，可称为傅里叶级数展开。如图 4.6.2 中的右下图，便是一个包含了很多频率的频谱图，其中的几个高峰显示了主要的频率分量。周期函数最基本的表达式是大家从初等数学中熟知的三角函数（正弦和余弦函数），每一个三角函数都对应一个固定的频率，在傅里叶展开中，这些函数作为代表给定频率的基础函数，分析的过程就是将一个任意函数表示成不同频率的三角函数之和，或称为将函数展开为傅里叶级数：

$$f(x) \approx F(t) = a_0 + \sum_{k-1}^{\infty} a_k \cos(k-t) + \sum_{k-1}^{\infty} b_k \sin(kt) \quad (4.6.1)$$

傅里叶展开不仅用来分析声音信号，实际上可以用来分析任何函数。比如说，现代数字通信技术中使用最多的"0"和"1"，可以用电子线路中低电压和高电压分别来表示。也就是表示成形状为矩形波的函数图，见图 4.6.3 右边第四个图。

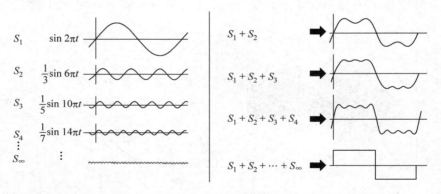

图 4.6.3　信息工程中经常使用的：将矩形波信号展开成傅里叶级数

我们可以将一个矩形函数表示成多个正弦函数之和，或者反过来说，许多个正弦基本函数叠加的结果，可以近似地表示矩形函数。图 4.6.3 所示的就是叠加的过程，图左侧的 $S_1, S_2 \cdots$，代表不同频率的正弦函数，这些正弦函数是用来近似右边第四个图所示的矩形函数的。因此，其中第一个

正弦函数 $S_1$ 的频率,与矩形函数的频率相同,它的振幅最大,是矩形函数的最重要成分。然后,从正弦函数 $S_2$ 开始,振幅越来越小,频率越来越高。图 4.6.3 的右边,是将这些正弦函数叠加到一起的时候得到的函数波形。比如说,右边上面第一个图是 $S_1$ 和 $S_2$ 叠加而成;第二个图是 $S_1$、$S_2$ 和 $S_3$ 叠加而成;第三个图则是 4 个基本正弦函数叠加而成。从图中可以看到,叠加的函数数目越多,叠加之后的函数图形就越接近一个矩形。如此无限地叠加下去,最后的图形便可趋向于真正的矩形函数。

### 4.6.3　微分方程展宏图

4.6.2 节例子中的音乐信号以及矩形波,都是时间的周期函数,因而可以使用傅里叶级数展开来分析这些信号中包含的各种频率分量,包括基频的大小以及各阶倍频分量的贡献。但即使对非周期的函数,也仍然可以使用傅里叶分析的方法,一般将这种方法称为傅里叶变换,以区别于级数展开。因为这种分析不同于图 4.6.3 所示的可数值函数的叠加,而是推广到使用连续积分,成为一种变换,将函数的定义域从时间域变换到了连续的频率域,如此得到函数的连续频谱。如图 4.6.2 中右下角的图中的连续曲线就是应用连续傅里叶变换之后所得到的连续频谱。

一维函数的傅里叶变换(时间域变到频率域)和反变换(频率域变回到时间域)最简单的积分表达形式为

傅里叶变换　　　　$$F(\omega) = \frac{1}{\sqrt{2\pi}} \int_{-\infty}^{+\infty} f(t) e^{-i\omega t} \, dt \qquad (4.6.2)$$

傅里叶反变换　　　$$f(t) = \frac{1}{\sqrt{2\pi}} \int_{-\infty}^{+\infty} F(\omega) e^{i\omega t} \, d\omega \qquad (4.6.3)$$

在式(4.6.2)和式(4.6.3)中,大写字母 $F$ 表示变换后频率域的函数,小写字母 $f$ 表示变换前原来的时间函数。从式(4.6.2)可以看出,傅里叶变换是傅里叶级数展开式(4.6.1)的推广。原来展开公式中级数的求和在傅里叶变换中用积分代替,而三角函数用复数形式的指数函数代替了。因为可以证明：正弦和余弦函数分别是复指数函数在它的自变量为纯虚数时候的虚数和实数部分。

傅里叶变换不仅可用于分析声音、图像以及其他种种函数曲线，还是求解微分方程的一个重要工具和途径。为什么可以利用傅里叶变换来简化求解微分方程的过程呢？其关键点之一是因为指数函数微分的奇妙性质：指数函数的导数等于这个函数自身乘以一个常数。因而，通过傅里叶变换的方法，可以把原来带导数的时间域的微分方程转换为不带导数的、频率域的代数方程，求解出来代数方程频率域的解之后，再使用逆变换公式(4.6.3)得出原来问题的时间域的函数解；或者是通过傅里叶变换将偏微分方程变成更容易求解的常微分方程。

继达朗贝尔、伯努利等研究弦振动之后，众多数学家在考查具体的数学物理问题中，研究了众多类型的微分方程，特别是对物理学中出现的偏微分方程的研究，奠定了微分方程一般理论的基础，导致了分析学的一个新的分支——数学物理方程的建立。

与傅里叶同时代（晚 10 年左右），有另一位法国数学家西莫恩·德尼·泊松（Siméon Denis Poisson，1781—1840 年），是拉格朗日最欣赏的学生。泊松也对数学物理做出了非凡的贡献，在理论物理中留下不少他的大名：泊松分布、泊松括号等。此外还有泊松方程，是数学物理中除波动方程及热传导方程之外的另一类常见的二阶偏微分方程。

泊松方程（椭圆型）：$\alpha^2 U_{xx} + \beta^2 U_{yy} = 0$

波动方程（双曲线型）：$U_{tt} - \alpha^2 U_{xx} = 0$

热传导方程（抛物线型）：$U_t - kU_{xx} = 0$

类比于用系数判别式将平面上的二次函数归类为椭圆、双曲线和抛物线，线性二阶偏微分方程也可以由其系数判别式的性质而被分类为椭圆型、双曲线型和抛物线型。上面所写的泊松方程、波动方程和热传导方程便是这几种类型偏微分方程的最简单例子。

　　尽管在 18、19 世纪,科学家们建立了类型众多的微分方程,但求解微分方程的解析解的努力往往归于失败,人们逐渐认识到,大多数的微分方程是没有精确解的。因此,数学家们对微分方程的研究逐步走向另外一些方面。

　　一些数学家转而证明解的存在性,其中柯西是走在最前面的一位,他首先给出常微分方程的第一个存在性定理,又率先讨论偏微分方程解的存在性。后来,俄国女数学家柯瓦列夫斯卡娅发展了柯西有关偏微分方程解的存在性工作为一般的形式。

　　著名数学家庞加莱用微分方程研究三体问题,模模糊糊地走到了混沌问题的边缘,这个研究方向导致了诸如分形和混沌等许多非常重要而又十分有趣的现象,我们在本章的后面几节中还将作介绍。当庞加莱意识到三体问题具有某些"难以想象、不可思议"的复杂解时,他便开始对微分方程进行定性的理论研究,并由此开创了代数拓扑学,强调在微分方程研究中,最为重要和关键的是要把握住定性和整体的拓扑思想。

　　宇宙中的一切事物都在永恒的变化之中,科学家的目的就是要从变化中求不变,探索上帝造物的秘密,找到物质运动的规律。数学是科学的皇后,科学家用它来为他们所研究的对象构建数学模型。其中,微积分以及由此发展出来的微分方程大显身手展宏图,活跃于科学技术的每个角落,甚至于渗透到了人文社会科学的研究中,比如金融、股票、人口增长、心理学等,也需要建立微分方程来进行研究。如此一来,人们对寻找微分方程之解的要求迫在眉睫,特别是工程技术方面,对他们来说,数学家们对微分方程存在性以及与定性拓扑等有关的研究,似乎有点遥不可及,远水有用,但一时救不了近火。人们想,既然大量的微分方程都难以得到精确的解析解,那是否可以用某种方法,比如数值计算的方法,得到方程的近似解呢?

这个思想早在欧拉时代就已经开始了，不过，现代计算机技术的蓬勃发展，无疑对此起到了推波助澜的大作用。因而，用各种数值方法求微分方程的解，成为了许多科技领域中不可或缺的重要部分。

求解微分方程的数值方法很多，对不同的微分方程类型，诸如常微分方程、偏微分方程、一阶和高阶等，各有许多种方法。在此，我们仅以讨论最简单的一阶常微分方程的初始值问题为例，简单说明数值方法的应用。

假设有一个给定的微分方程和初始条件，如图 4.6.4(a) 上方的公式所描述。将一定的自变量 $(t)$ 的区域，用 $t_1, t_2, \cdots, t_n$，分成若干个小段。用数值法求解该方程的意思就是说，对应于这些 $t_i$ 的数值，找出一组 $y_i$ 的数值，用它们来近似估算方程的精确解 $y(t)$。因为这种情形下的初始值是准确的，所以一般采取的方法是从初始值出发，利用给定的导数函数，即公式中的 $f(y, t)$，找出第一点 $t_1$ 对应 $y_1$ 的近似值，然后，又再根据这个第一点的数值，用类似的方法估算出第二点的近似值。如此依次类推下去，求出希望计算的所有点的函数近似值，这便是求数值解的整个过程。

在具体求解的过程中还需要考虑两个问题，第一个问题：如何将 $t$ 的区间分段？分多大？是等分还是不等分？分段间隔太粗，保证不了精度，太细又需要花费太多的计算时间。等分的间隔比较简单，但没有考虑未知函数变化的快慢，有时也会浪费计算时间。总之，这是一个需要考虑的问题。

第二个问题：如何利用导数函数 $f(y, t)$，从 $y_n(t_n)$ 来近似估算下一个点的函数值 $y_{n+1}(t_{n+1})$？数学家和工程师们对此有很多研究，在计算速度、结果精度、简单性之间打转以取得平衡。图 4.6.4 中的图(b)和图(c)给出了常用的两种基本方法：欧拉法和中点法。欧拉法是最为简单的一阶近似法，它是通过直接从第 $n$ 个点按照该点导数的数值，作曲线的切线，与 $t_{n+1}$ 垂直线相交一点，用这点的 $y$ 作为第 $n+1$ 个点的近似值 $y_{n+1}$。中点法如图 4.6.4(c)所示,它不是从 $t_n$ 点作切线,而是从 $t_n$ 和 $t_{n+1}$ 之间的中点 $t_m$ 作切线。这种方法涉及曲线的二阶微分,更复杂,但也更准确一些。图 4.6.4(d)给出两种方法结果之比较。

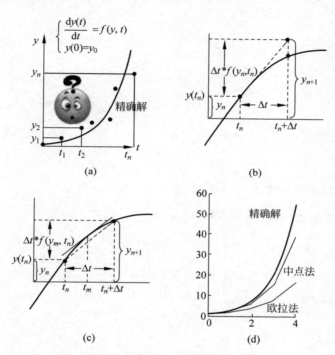

图 4.6.4　数值求解微分方程

（a）数值解；（b）欧拉法；（c）中点法；（d）结果比较

# 5　早逝的数学奇才

"韶华不为少年留。"——秦观

"自古英雄出少年。"——古语

数学家是一个颇为特殊的群体,尽管也不乏大器晚成者,但数学毕竟更钟情于年轻人!数学家们大多数天资聪慧、头角峥嵘,少年时代便才华横溢,卓尔不凡。然而天妒英才!历史上不少杰出的数学家命运坎坷,很年轻的时候就去世了。不过,他们的数学成就永存,也使他们成为名垂史册的传奇人物!本章介绍几位 40 岁之前就去世的数学家以及他们的成就。

## 5.1 帕斯卡三角形

布莱士·帕斯卡诞生在法国中部小城克莱蒙费朗的一个小贵族家庭,其母亲早逝,父亲富有,他身体羸弱、智力过人,但不幸于 39 岁便去世了。

帕斯卡在他 11 岁那年完成了一篇有关身体振动发出声音的文章,懂数学的父亲马上提高了警惕,禁止他 15 岁前继续深研数学知识,以免荒废拉丁文和希腊文的学习。但有一天,12 岁的帕斯卡用一块木炭在地板上画图,发现了欧几里得几何的"三角形内角和等于两直角"的命题。从那时起,父亲改变了对儿子的想法,让小帕斯卡继续独自琢磨几何问题,并在他 14 岁时就带着他旁听当年法国著名的梅森学院每周一次的聚会,才华横溢的帕斯卡很快成为梅森学院的活跃分子。

帕斯卡 16 岁时写了一篇被称作神秘六边形的短篇论文《圆锥曲线专论》。文章中证明了一个圆锥曲线内接六边形的三对对边延长线的交点共线,这个结论现在被称为"帕斯卡定理"(图 5.1.1(a))。文章被寄给梅森神父后得到众学者的极大赞赏。帕斯卡定理对射影几何早期的发展起到了很大的推动作用,向人们展示了射影几何深刻、优美、直观的一面。

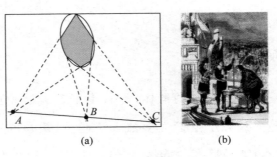

(a)　　　　　　　　(b)

图 5.1.1　帕斯卡研究几何和物理

(a) 帕斯卡定理：$A$、$B$、$C$ 共线；(b) 帕斯卡做气压实验

帕斯卡的气压实验成功地证实了他关于水银柱高度随着海拔高度的增加而减少的猜测,震动了科学界。后人为纪念帕斯卡的贡献,将气压的单位用"Pa"(帕斯卡的名字)来命名。

说到重大发明,不可忽略帕斯卡设计的计算器,那是帕斯卡在未满 19 岁时为了减轻他父亲重复计算税务收支而创造的一项发明。虽然这个计算器巨大笨重、难以使用,且只能做加减法,但却可以列为最早确立计算器概念的机械计算器之一,也算得上如今人们手中的计算机之老祖宗了。

不仅如此,帕斯卡对数学还有一个大的贡献：与费马一起开拓了概率论这一数学分支,建立了组合论的基础。因此,人们将概率论的诞生日定为帕斯卡和费马开始通信的那一天——1654 年 7 月 29 日。

在代数研究中,帕斯卡发表过多篇关于算术级数及二项式系数的论文,发现了二项式展开式的系数规律,即著名的"帕斯卡三角形"（图 5.1.2）。

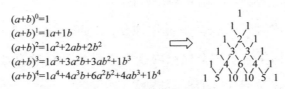

$(a+b)^0=1$
$(a+b)^1=1a+1b$
$(a+b)^2=1a^2+2ab+2b^2$
$(a+b)^3=1a^3+3a^2b+3ab^2+1b^3$
$(a+b)^4=1a^4+4a^3b+6a^2b^2+4ab^3+1b^4$

图 5.1.2　帕斯卡三角形(也称杨辉三角)

此外,帕斯卡计算了三角函数的积分,最早引入了椭圆积分。他研究摆线问题,得出不同曲线面积和重心的一般求法。

## 5.2 阿贝尔攻难关

尼尔斯·阿贝尔是挪威的天才数学家,生前屡遭坎坷,在 27 岁时死于贫穷和疾病。阿贝尔是经典数学的奠基人之一,对数学做出了巨大贡献,以其名字命名的数学概念、定理不下 20 个,以其名字命名的大奖——阿贝尔奖,是数学界的最高奖项之一。

阿贝尔在 16 岁时,扩展了欧拉对二项式定理的研究,证明了二项式定理对所有的数字成立。后来,阿贝尔研究代数方程根的问题,发现五次方程没有一般的代数根。为此他和伽罗瓦各自独立地发明了群论。

我们在中学数学中就知道,如何求一元二次方程 $ax^2+bx+c=0$ 的通解。对于三次和四次的多项式方程,数学家们也得到了相应的一般求根公式,即由方程的系数及根式组成的“根式解”。之后,人们自然地把目光转向探索一般的五次方程的根式解,但历经几百年也未得结果。所有的努力都以失败告终,包括阿贝尔本人从中学时代就开始的努力! 失败的经验使得阿贝尔产生了另外一种想法:五次方程,也许所有次数大于四的方程,根本就没有统一的根式解。

年轻而聪明的阿贝尔奋斗了几年,于 1824 年证明了一个关键性命题,人们称之为阿贝尔定理,这也是最早的“置换群”的思想,阿贝尔应用这一思想证明了“高于四次的一般方程”不能有“根式解”,解决了数学家们纠结了 250 多年之久的数学难题。阿贝尔将研究成果写成论文《一元五次方程没有代数一般解》,寄给了高斯,但没有得到高斯的回复。后来他又寄给傅里叶,这位大数学家由于工作太忙,只是匆匆地读了论文的引言,便交给了柯西审查,结果柯西将论文带回家中之后,竟然弄丢了。

俗话说"是金子总会发光"，阿贝尔遇见了一位贵人，德国数学家 A. L. 克莱尔（A. L. Crelle，1780—1855 年）。当年的欧洲数学界明星璀璨，克莱尔并不是最顶尖的数学家，但他创办的数学杂志却为当时数学的发展做出巨大贡献。阿贝尔的文章便得以发表在那个杂志上，一篇接一篇。

1826 年夏天，阿贝尔前往巴黎造访当时最顶尖的数学家，不幸在那里染上了肺结核病。由于长期得不到大学教职，阿贝尔的生活无着落而贫病交加，但他始终不愿放弃心爱的数学。他成功地证明了五次方程不可能有根式解，但他却没有时间将这个结论推广到大于五的一般情形，因为病魔夺去了他短暂的生命。长期的旅行加剧了他的病情。1828 年圣诞节，他滑着雪橇到弗罗兰拜访他的未婚妻克里斯汀，两人一起享受假期的欢愉使其病情稍有缓解。但阿贝尔终究抵挡不了病魔，1829 年 4 月 6 日，可怜的阿贝尔因肺结核而撒手人寰。两天之后，从克莱尔那里传来了迟到的好消息：他已经被柏林大学聘为了教授！

阿贝尔在研究代数方程中，应用了"置换群"的概念，这是群论思想的萌芽。"群"是什么呢？俗话说，物以类聚，人以群分。群，就是用对称性来给自然界现象分类的数学语言。宇宙中，对称现象无处不在，并且，对称还不一定只是表现在物体的外表几何形态上，也可以表现于某种内在的自然规律比如物理定律中。最简单的例子，牛顿第三定律说：作用力等于反作用力，它们大小相等、方向相反，两者对称。电磁学中的电场和磁场，彼此关联相互作用，变化的电场产生磁场，变化的磁场产生电场，这些都是对称。

用数学语言定义对称，被表述为系统在某种变换下的不变性，也就是说，系统对此变换是对称的。变换可以用数学上的"群"来加以分类，所以，变换用来描述对称，群用来描述变换，因此，群和对称，便如此关联起来了，群论便是研究对称之数学。

群描述对称,阿贝尔研究的置换群描述的是"代数方程之根"之间的对称性,举一元二次方程为例说明。

一元二次方程 $ax^2+bx+c=0$ 的求根公式为

$$x=\frac{-b\pm\sqrt{b^2-4ac}}{2a}$$

这个式子表示,一般而言方程有两个根:$x_1$、$x_2$。即使我们不解出方程,从根与系数的关系,也知道两个根之和、之积满足下面两个条件:

$$x_1+x_2=-b/a;\quad x_1\cdot x_2=c/a$$

观察一下便能发现,上述等式中,两个根是对称的:将 $x_1$ 和 $x_2$ 互换,结果一样。或者说,写成 $(x_1,x_2)$ 或者 $(x_2,x_1)$,都没有关系。

用现代数学中稍微正规一点的语言来描述,就是说:$x_1$ 和 $x_2$ 可以构成一个二元置换群 $S_2$。群 $S_2$ 只有两个元素:$(x_1,x_2)$ 和 $(x_2,x_1)$。

你可能会说,$S_2$ 群看起来很简单嘛,似乎也没有多大用处,因为我们已经有了一元二次方程的通解公式。不过,在阿贝尔的年代,将这个概念扩展到高次方程就有用处了,因为找不到根式解的话,可以通过研究这些根组成的"群"的性质,来了解根的情况。

并且,$S_2$ 群看起来简单,因为它只有两个元素。以上叙述中,我们也尚未定义群元素之间的乘法规则。实际上,群论是相当复杂而抽象的数学领域。

命运多舛的阿贝尔"壮志未酬身先亡",但他发现和开辟了数学中一片广袤的沃土,他短暂的生命不可能把这片沃土开垦完毕,用后来一位法国数学家查尔斯·埃尔米特(Charles Hermite,1822—1901 年)的话来说,阿贝尔留下的后继工作"够数学家们忙上 500 年"。

## 5.3　伽罗瓦创群论

群论研究的接力棒传到了比阿贝尔小 9 岁的伽罗瓦手上。

埃瓦里斯特·伽罗瓦（Évariste Galois，1811—1832 年）是法国数学家，他短短 20 年生命所做的最重要工作就是开创建立了"群论"这个无比重要的数学领域。

伽罗瓦从小表现出极高的数学才能，但他厌倦别的学科，独独只被数学的鬼魅迷住了心窍。他在求学的道路上屡遭失败，曾多次寄给法国科学院有关群论的精彩论文，但未被接受：柯西让他重写；泊松看不懂；傅里叶身体不好，收到文章后还没看就见上帝去了。对年轻的伽罗瓦来说，生活的道路坎坷，父亲又自杀身亡，卓越的研究成果得不到学界的承认，由此种下了他愤世嫉俗、不满社会的祸根。后来，法国七月革命一爆发，伽罗瓦作为一名激进的共和党人，立刻急不可待地投身革命并两次入狱。最后，他又莫名其妙地陷入了一场极不值得的恋爱纠纷中，并且由此卷入一场决斗。最后，这位"愤青"式的天才数学家，终于在与同为共和党人的对手决斗时饮弹身亡。

时隔近 200 年后的今天，很难揣测临死前的 20 岁青年脑海里想了些什么。不过，决斗发生的前一天，1832 年 5 月 29 日，伽罗瓦奋笔疾书，连夜赶写了三封信，包括一封长长的"数学遗言"，以及另两份写给"所有共和党人"和两个朋友的遗书。数学遗言中，他总结了他的数学思想，希望能得到雅可比和高斯的评价，"不是对这些定理的正确性，而是对它们的重要性"。悲惨可叹的少年天才，至死难忘心爱的数学！

数学家欧拉研究数论时，已经有了群的模糊概念，但"群"这个名词以及基本设想，却是首先在伽罗瓦研究方程理论时被使用的。

伽罗瓦从研究多项式的方程理论中发展了群论，又巧妙地用群论的方法解决了一般代数方程的可解性问题。伽罗瓦的思想大致如此：每一个多项式都对应于一个与它的根的对称性有关的置换群，后人称为伽罗瓦群。一个方程有没有根式解，取决于它的伽罗瓦群是不是可解群。那么，置换群和可解群是什么样呢？这些概念大大超出了本书讨论的范围，在此无法详细叙述，下面从特例对群作简单介绍。

简单地说，群就是一组元素的集合，在集合中每两个元素之间，定义了符合一定规则的某种乘法运算规则。说到乘法规则，大家会想起小时候背过的九九表。九九表太大了，我们举一个数字较小的乘法表，比如图 5.3.1(a)，给出了小于 5 的整数的"四四"乘法表。

| | 1 | 2 | 3 | 4 |   | | 1 | 2 | 3 | 4 |
|---|---|---|---|---|---|---|---|---|---|---|
| 1 | 1 | 2 | 3 | 4 |   | 1 | 1 | 2 | 3 | 4 |
| 2 | 2 | 4 | 6 | 8 |   | 2 | 2 | 4 | 1 | 3 |
| 3 | 3 | 6 | 9 | 12 |   | 3 | 3 | 1 | 4 | 2 |
| 4 | 4 | 8 | 12 | 16 |   | 4 | 4 | 3 | 2 | 1 |
| (a) | | | | |   | (b) | | | | |

图 5.3.1　4 个元素的群
(a) 整数 4 以内的乘法表；(b) 除以 5 之后的余数构成的表

欧拉在 1758 年碰到了这种类似的乘法表。不过，欧拉不满意像图 5.3.1(a)的那种十进制乘法，于是，他将乘法规则稍微作了一些改动。在这个小于 5 的四四表例子中，欧拉把表中的所有元素都除以 5，然后将所得的余数构成一个新的表，如图 5.3.1(b)所示。按照这种余数乘法的方法，类似于上述 $n=5$ 的例子，我们可以对任意的正整数 $n$，都构造出一个"余数乘法表"来。

当我们再仔细研究 $n=5$ 的情况，发现图 5.3.1(b)中的四四余数表有一个有趣的特点：它的每一行都是由(1、2、3、4)这 4 个数组成的，每一行中 4 个数全在，但并不重复，只是改变一下顺序而已。

以现在群论的说法，图 5.3.1(b)中的 4 个元素，构成了一个"群"，因为这 4 个元素两两之间定义了一种乘法（在这个例子中，是整数相乘再求除以 5 的余数），并且，满足群的如下 4 个基本要求。不妨将它们简称为"群4 点"。

（1）封闭性：两元素相乘后，结果仍然是群中的元素；（从图 5.3.1(b) 中很容易验证）

（2）结合律：$(a×b)×c=a×(b×c)$；（整数相乘满足结合律）

（3）单位元：存在单位元（幺元），与任何元素相乘，结果不变；（在上面例子中对应于元素 1）

（4）逆元：每个元素都存在逆元，元素与其逆元相乘，得到幺元。（图 5.3.1(b) 中很容易验证）

"乘法规则"对"群"的定义很重要。这里所谓"乘法"，不仅仅限于通常意义下整数、分数、实数、复数间的乘法，其意义要广泛得多。实际上，群论中的"乘法"，只是两个群元之间的某种"操作"而已。实数的乘法是可交换的，群论的"乘法"则不一定。乘法可以交换（或称可对易）的"群"叫作"阿贝尔群"，乘法不可交换的"群"叫作"非阿贝尔群"。

置换群的群元素由一个给定集合自身的置换产生。前文给出了最简单的两个元素的置换群，在图 5.3.2 中，给出了另一个简单置换群 $S_3$ 的例子。

伽罗瓦第一个用群的观点来确定多项式方程的可解性。

给出 3 个字母 $ABC$，它们能被排列成如图 5.3.2(a) 右边的 6 种不同的顺序。也就是说，从 $ABC$ 产生了 6 种置换构成的元素。这 6 个元素按照生成它们的置换规律而分别记成 (1)、(12)、(23)……。括号内的数字表示置换的方式，比如 (1) 表示不变；(12) 的意思就是第 1 个字母和第 2 个字母交换，等等。不难验证，这 6 个元素在图 5.3.2(b) 所示的乘法规则下，满足上面谈及的定义"群 4 点"，因而构成一个群。这里的乘法，是两个置换方式的连续操作。图 5.3.2(b) 中还标示出 $S_3$ 的一个特别性质：其中定义的乘法是不可交换的。如图 5.3.2(b) 所示，(12) 乘以 (123) 得到 (13)，而当把它们交换变成 (123) 乘以 (12) 时，却得到不同的结果 (23)，因此，$S_3$ 是一

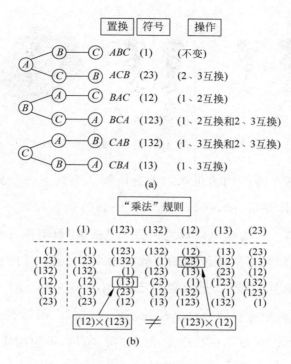

图 5.3.2　置换群例子 $S_3$
（a）置换群 $S_3$ 由 6 个元素组成；（b）$S_3$ 的乘法表

种不可交换的群，或称为非阿贝尔群。而像图 5.3.1 所示的四元素可交换群，被称为阿贝尔群。$S_3$ 有 6 个元素，是元素数目最小的非阿贝尔群。

　　图 5.3.1 和图 5.3.2 描述的是有限群的两个简单例子。群的概念不限于"有限"，其中的"乘法"含义也很广泛，只需要满足"群 4 点"即可。

　　如果你还没有明白什么是"群"的话，那就再说通俗一点："群"就是那么一群东西，我们为它们两两之间规定一种"作用"，见图 5.3.3 的例子。两两作用的结果还是属于这群东西；其中有一个特别的东西，与任何其他东西作用都不起作用；此外，每样东西都有另一个东西和它抵消。最后，如果好几个东西接连作用，只要这些东西的相互位置不变，结果与作用的顺序无关。

平移　　　　　　镜像反演　　　　　　魔方转动

图 5.3.3　各种操作都可被定义为"群"乘法，只要符合"群 4 点"

刚才所举两个群的例子是离散的有限群。下面举一个离散但无限的群。比如说，全体整数（…，$-4$，$-3$，$-2$，$-1$，$0$，$1$，$2$，$3$，$4$，…）的加法就构成一个这样的群。因为两个整数之和仍然是整数（封闭性）；整数加法符合结合律；0 加任何数仍然是原来那个数（0 作为幺元）；任何整数都和它的相应负整数抵消（比如，$-3$ 是 3 的逆元，因为 $3+(-3)=0$）。

但是，全体整数在整数乘法下却并不构成"群"。因为整数的逆不是整数，而是一个分数，所以不存在逆元，违反"群 4 点"，不能构成群。

全体非零实数的乘法构成一个群。但这个群不是离散的，是由无限多个实数元素组成的连续群，因为它的所有元素可以看成是由某个参数连续变化而形成。两个实数相乘可以互相交换，因而这是一个"无限""连续"的阿贝尔群。

可逆方形矩阵在矩阵乘法下也能构成无限的连续群。矩阵乘法一般不对易，所以构成的是非阿贝尔群。

连续群和离散群的性质大不相同，就像盒子里装的是一堆玻璃弹子或一堆玻璃细沙不同一样，因而专门有理论研究连续群。这些内容不在本书讨论范围。

## 5.4　浅谈黎曼猜想

### 5.4.1　早逝的大师

波恩哈德·黎曼是德国著名的数学家，他在数学分析和微分几何方面做出过重要贡献,他开创了黎曼几何,并且给后来爱因斯坦的广义相对论提供了数学基础。

黎曼是高斯的学生,早期不做几何做分析。高斯想试试他,看看他到底有多聪明,让他做几何问题,结果他就将几何结合分析,出人意料地创立了黎曼几何。他引进了流形和度量的概念,并且证明曲率是度量的唯一内涵不变量。平坦的欧几里得几何,罗氏非欧几何都可以统一归属于黎曼几何。并且,在黎曼几何的框架中,可以有更多种的几何:一个度量就是一种几何。

6.1 节将简单介绍黎曼几何,本节介绍数论中一个以黎曼命名的著名猜想。

黎曼 39 岁便去世了,却做出了多项大师级别的工作,他的工作直接影响了 19 世纪后半期的数学发展,不断有杰出的数学家重新论证他断言过的定理,黎曼的数学思想影响了数学的许多分支,他首先提出用复变函数论特别是用 ζ 函数研究数论的新思想和新方法,开创了解析数论的新时期;他建立的黎曼几何帮助爱因斯坦建立了广义相对论,促使天文学及现代宇宙学蓬勃发展至今方兴未艾。

黎曼的著作不多,内容却异常深刻,富于想象,具独创精神。他的名字出现在黎曼 ζ 函数、黎曼积分、黎曼流形、黎曼空间、黎曼引理、黎曼-希尔伯特问题、柯西-黎曼方程、黎曼思路回环矩阵中。

黎曼猜想是一个重要而又至今未解决的数论问题,有"猜想界皇冠"之称。它吸引了无数优秀的数学家为它绞尽脑汁。

### 5.4.2 黎曼 ζ 函数

人类最早的数学被称为"算术",主要是与整数打交道。整数看起来简单,但人们对它们研究了几千年却仍然没有搞透彻,很多个艰巨的课题至今未解。研究这些与整数相关的现代数学领域,被称为数论。

数论被高斯誉为"数学中的皇冠"，而那些悬而未决的"猜想"，便是皇冠上的宝石和明珠，激励着数学家们前去探索和摘取。

整数分为素数和合数，素数是指一个只能被 1 和它本身整除的大于 1 的整数，否则便是合数。显而易见，素数比合数更为基本，因为后者可以表示成若干素数的乘积。大约在公元前 300 年，欧几里得就证明了素数有无穷多个。然而，这无穷多个素数是如何关联的？分布情况如何？有些什么规律？等等，这些问题一直是数论研究中的前沿课题。

欧拉和高斯都研究过素数分布的问题，黎曼继承了欧拉的想法，包括他使用的函数，后来被称为"黎曼 ζ 函数"。这个函数可以用一个级数展开式表示：

$$\zeta(s) = \sum_{n=1}^{\infty} n^{-s} = \frac{1}{1^s} + \frac{1}{2^s} + \frac{1}{3^s} + \cdots$$

当年欧拉给出的这个 ζ 函数只定义在当 $s$ 为正实数的情况。比如，当 $s=1$ 的时候，得到调和级数是发散的，即函数值是无穷大。并且，$s=1$ 是发散与收敛的边界，只要当 $s>1$，哪怕只大一点点，也能得到一个收敛的数值；如果 $s=2$，会得到我们在 3.1 节中介绍过的欧拉解决的巴塞尔级数。

之后，黎曼通过解析延拓，把 ζ 函数的定义域扩展到几乎整个复数域上（除了 $s=1$）。解析延拓的意思就是说将函数的定义域"解析"（严格）地扩大到原来不能应用的数域。图 5.4.1 显示了阶乘函数解析延拓的例子。

阶乘（$n!$）原来只对正整数有定义，通过伽马函数的插值，可以将定义推广到正实数，然后又可继续推广到整个实数，再到复数。黎曼将 ζ 函数延拓的思想类似但非常复杂，并且复数函数的图像不直观，在此不表。

研究延拓后的 ζ 函数，黎曼注意到：当 $s=-2$、$-4$、$-6$、$-8\cdots$时，函数值为零，即负偶数是这个函数的零点，但黎曼对这类零点不感兴趣，称它们为"平凡零点"，而将其他的零点称为"非平凡零点"。黎曼发现，素数出现的频率与这些非平凡零点的分布有关。

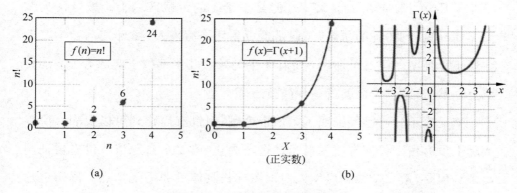

图 5.4.1 阶乘函数的解析延拓

(a) 阶乘函数 $f(n)=n!$；(b) 伽马函数 $z!=\Gamma(z+1)=\int_0^\infty t^z \mathrm{e}^{-t}\mathrm{d}t$

### 5.4.3 黎曼猜想

1859 年，黎曼当选为柏林科学院通讯院士，为了回应这一荣誉，他向科学院提交了一份八页纸的论文，题目是《论小于某值的素数个数》。在这篇论文中，黎曼论证了素数分布与 ζ 函数的非平凡零点有着深厚的关联。

然而，非平凡零点到底在哪里？黎曼发现这个问题如此的复杂，自己也无法得出准确的结论，因此他提出一个命题却没有证明，这就是黎曼猜想：

"所有非平凡零点都位于实部为 1/2 的直线上。"

黎曼貌似轻松平淡而下的一个结论，令无数数学家们努力了 160 多年仍未解决。

1900 年，大卫·希尔伯特将黎曼猜想包括在他著名的 23 个问题中，与哥德巴赫猜想（一个大偶数可写成两个素数之和）及孪生素数猜想（有无穷多个素数 $p$，使得 $p+2$ 也是素数）一起组成了希尔伯特名单上的第八号问题。后来，黎曼猜想又被收入克雷数学研究所的千禧年大奖 7 个难题之一。

尽管黎曼猜想尚未解决，但也有所进展。从其进展过程能看出黎曼在这个问题上所花的深厚功夫，以及他超凡的数学能力。

黎曼关于"非平凡零点"的论文，有 3 个命题。第一个命题，黎曼指出了非平凡零点分布在实部大于 0 但是小于 1 的带状区域上。黎曼认为结论显而易见因此"证明从略"。但是这可累坏了后来人,46 年之后数学家们才给出了证明。第二个命题:所有非平凡零点几乎都位于实部为 1/2 的直线上。然后,第三个命题就是黎曼猜想了。

黎曼表示自己已经证明了第二个命题,但没有简化到可以发表。所以实际上没有留下任何有用的信息。迄今为止,第二个命题依然没有被证明出来。但是,第二个命题启发人们试图寻找具体的非平凡零点。哪知道这仍然十分困难。黎曼猜想公布 44 年后,一位数学家第一次算出了前 15 个非平凡零点。这些零点的实部全部都是 0.5,无一例外。又过了 20 年,算出了前 138 个零点。

数学家西格尔在黎曼的手稿中发现了 73 年前黎曼计算非平凡零点的一个公式(黎曼-西格尔公式)。西格尔找到这个公式后,4 年内算出了 1000 多个非平凡零点。借着这一公式,后来的数学家通过计算机已经验证了前 200 亿个非平凡零点都在临界线上。

希尔伯特曾说,如果他在沉睡 1000 年后醒来,他将问的第一个问题便是:黎曼猜想得到证明了吗?很多数学家表示,如果数学世界只剩下一个难题,那么一定是黎曼猜想。

## 5.5 神才拉马努金

### 5.5.1 疯子还是天才?

拉马努金(Ramanujan,1887—1920 年)是一位印度数学家,33 岁便去世了。听听数学家们对他的评价:出身普通,自学成才,未经训练,知识不多,依赖直觉,成果空前。

拉马努金只迷恋数学,在其他科目的考试中经常不及格。他没有正规的数学老师,直到被英国著名数学家戈弗雷·哈代发掘。用哈代的话来说，拉马努金"对现代欧洲数学家的成果完全无知""就是个接受了一半教育的印度人"。

1913年的拉马努金，穷困潦倒、疾病缠身，却做了很多数学研究。他致信剑桥大学的哈代，提及了一大堆他所发现的数学公式。哈代带着困惑检验了这个印度小职员的研究成果，发现了好几个令他吃惊的东西。他向拉马努金发出了一封邀请函。于是，拉马努金离开妻子到剑桥待了近6年，之后因病返回印度，但不久便去世了。

拉马努金惯以直觉导出公式，不爱作证明。据说他短短的生命中给出了3000多个公式，平均每年100个。他的理论往往被证明是对的，其所猜测的公式还启发了几位菲尔兹奖获得者的工作。

在拉马努金致哈代的信中，包括了自然数求和的问题。看看他的惊人答案：从1到无穷大的自然数之和，等于($-1/12$)！

图5.5.1是拉马努金有关这个级数的笔记。

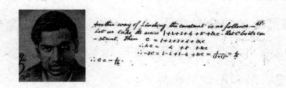

图5.5.1　拉马努金手稿

拉马努金对自然数无穷级数的求和给出了两种方法，一种极为不严格，另一种极为严格。上面笔记中草草写下了不严格的理解方式。

哈代读信后的反应是"此人不是疯子便是天才"。但哈代对这个自然数求和的结论并不感觉惊讶和奇怪，因为早在18世纪的瑞士数学家欧拉对此种发散级数就有所研究，后来的黎曼也用他的 ζ 函数对自然数求和得到了同样的且更为严格的结果。

### 5.5.2　计算自然数之和

拉马努金对自然数之和为($-1/12$)有一个不严谨也不靠谱的"证明"

方法，就是他写在上面笔记中的方法。如今网上流传的与其大同小异。首先，可以用下面最简单的方法来"理解"他的结果。

将所有自然数之和记作 $S$。

$$S = 1 + 2 + 3 + 4 + 5 + 6 + \cdots$$
$$-4S = -4 - 8 - 12 - 16 - 20 - 24 \cdots$$

上面两个等式相加：

$$-3S = 1 - 2 + 3 - 4 + 5 - 6 + \cdots$$

然后，拉马努金利用函数 $1/(1+x)^2$ 的泰勒级数展开来计算上面的级数

$$1/(1+x)^2 = 1 - 2x + 3x^2 - 4x^3 + 5x^4 - 6x^5 + \cdots$$

最后，设定 $x = 1$，便得到：

$$-3S = 1/(1+1)^2 = 1/4$$

由此得到 $S = -1/12$。

拉马努金上面的"证明"是不可取的，因为那种"错位加减"不能用于发散级数，不同的错位加减会导致不同的结果。但拉马努金很聪明，给出简单理解的同时也给出了严格的证明，那是与不同的求和定义有关。

什么意思呢？求和不就是相加吗？

是的。但我们通常理解为正确的传统求和定义，被称为柯西的"求和"。这个定义严格而又符合常理，只是不能处理发散的无穷级数。数学家们就想：是否可以靠改变求和的定义来给无穷级数一个有意义的数值？为此数学家们定义了切萨罗求和、阿贝尔求和、拉马努金求和等。其中最简单的切萨罗求和是用取"和的平均值"的方法。例如下面级数：

$$1 - 1 + 1 - 1 + 1 - 1 + 1 + \cdots$$

这个级数是不收敛的，因为结果不趋于一个固定数，而是以相等的概率于 0、1 两个数之间摇摆。根据切萨罗求和，可以把结果定义为 1/2，尽管不是通常意义下的"柯西和"，但也容易直观理解，因为 1/2 是 1 和 0 的平均值。

如果和的平均值也仍然不收敛的话,有些人就用"和的平均值"的平均值来定义,还可以进一步以此类推下去;或者用别的方法来定义"和"。据说拉马努金就提出了一个求和方法,非常复杂难懂。我们在此就不介绍了。

### 5.5.3 所有自然数之和等于－1/12 吗?

这个问题可以从不同的角度来理解。

一种方法是用 5.4.3 节中说过的黎曼的解析延拓方法来处理发散的无穷级数。具体而言,黎曼首先把定义域扩展到了实部大于 1 的复数。然后黎曼证明了一个函数方程:

$$\zeta(s) = 2^s \pi^{s-1} \sin\left(\frac{\pi s}{2}\right) \Gamma(1-s) \zeta(1-s)$$

其中的 $\Gamma(n)$ 是 $\Gamma$ 函数: $\Gamma(n) = (n-1)!$。

用这个方程,黎曼将 $\zeta$ 函数解析延拓到了实部小于 1 的情况。例如,在方程中令 $s = -1$,等式右边中: $\Gamma(1-s) = \Gamma(2) = 1$, $\zeta(1-s) = \zeta(2) = \pi^2/6$,…

最后便能得到: $\zeta(-1) = -1/12$。

上面的方法,包括重新定义"求和"及解析延拓,实际上计算出来的结果都可以说已经不是原来意义上的"自然数之和"了。不得不承认,这个 $(-1/12)$ 的确与自然数之和有关系! 但是,较劲的人仍然心存疑惑:原来的无穷大躲到哪里去了呢?

因此,我们介绍另一种洛朗级数展开的方法。

泰勒展开将函数展开为幂级数(幂次包含 0 和正整数)。有时无法把函数表示为泰勒级数时,也许可以展开成洛朗级数(Laurent series)。洛朗级数是幂级数的一种,它不仅包含了正数次数的正项,也包含了负数次数的项,如下所示:

泰勒展开 $\qquad f(x) = \sum_{n=0}^{\infty} \frac{f(n)(a)}{n!}(x-a)^n$

洛朗展开 $\qquad f(z) = \sum_{n=-\infty}^{\infty} a_n(z-c)^n$

例如，对自然数求和公式：

$$S_0 = \sum_{n=1}^{\infty} n$$

我们考虑复变函数：

$$S_\varepsilon = \sum_{n=1}^{\infty} n\,\mathrm{e}^{-\varepsilon n}$$

在 $\varepsilon$ 的零点附近的洛朗展开：

$$S_\varepsilon = \sum_{n=1}^{\infty} n\mathrm{e}^{-\varepsilon n} = \boxed{\frac{1}{\varepsilon^2}}\ \boxed{-\frac{1}{12}} + \boxed{\frac{\varepsilon^2}{240} + O(\varepsilon^4)}\,。$$

$$\infty \longleftrightarrow \varepsilon \to 0 \longleftrightarrow 0$$

所以，$-1/12$ 的结果不是莫名其妙来的，是 $\varepsilon$ 的零点附近的洛朗展开中的零阶项。可以如此理解：所有自然数的和是无穷大，但趋向这个无穷大时有其渐进性质（$1/\varepsilon^2$），除掉 $\varepsilon$ 趋于零时的发散项和高阶项，只留下与 $\varepsilon$ 无关的，便得到（$-1/12$）了！这个结果也符合物理中重整化的思想。

计算"自然数之和＝$-1/12$"，只是拉马努金这位神才的许多奇葩故事之一。

# 6 几何与拓扑

"千古寸心事，欧高黎嘉陈。"——杨振宁

几何学研究的是空间结构及性质，是一门古老的学科，从古希腊时期就开始了。拓扑学比较晚，但它与"几何"的概念密切相关。用通俗的语言来说，拓扑是橡皮膜上的几何学。拓扑关注整体结构，不在乎尺寸大小长短这些具体细节。例如我们经常看到的例子：一个咖啡杯和甜甜圈几何形状不同，大小可以各异，然而，它们却具有相同的拓扑结构。从本章介绍的几个拓扑相关的实例中，读者可以对拓扑与几何的区别有所体会。

## 6.1 黎曼几何

欧几里得几何的平行公理，乍看起来颇似定理。数学家们对它讨论、质疑、研究了 2000 多年。直到 1824 年，俄国数学家罗巴切夫斯基建立了一套与欧氏几何平行的几何体系，后人称之为罗氏几何。

欧氏几何描述平坦空间的几何，罗氏几何对应于负常数曲率的曲面（如双曲面），另一种球面几何对应球面上的非欧几何。图 6.1.1 给出了 3 种几何的直观解释。

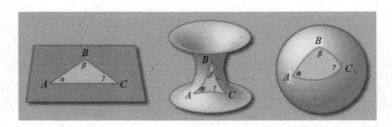

图 6.1.1　欧氏几何、罗氏几何、球面几何

3 种几何各自都构成严密的公理体系，之后，黎曼统一了以上 3 种几何，结合微积分于流形之上建立了黎曼几何。

　　黎曼几何内容广泛,我们这里只从一个例子让读者体会曲率的"内蕴性"。话题从简单的两个不同形状的帽子开始。

　　图 6.1.2 所示的两顶帽子形状是不一样的,一个是半球形,另一个是圆锥形。但你知道在黎曼几何的意义上,它们有一个本质的区别吗?通俗而言,半球形的帽子,用剪刀一刀剪开,无法摊平成平面。而圆

图 6.1.2　不同形状的帽子
(a) 半球形;(b) 圆锥形

锥形的帽子就可以做到,只要是从顶点往下剪开就行了。

　　几何中用曲率来描述几何形状的弯曲程度,具体到最简单的平面曲线,一个半径为 $r$ 的圆,圆弧上每一点的曲率就是半径的倒数 $1/r$,圆的半径越小,曲率就越大。对三维空间的曲线,可以定义曲率和挠率,如图 6.1.3 所示。

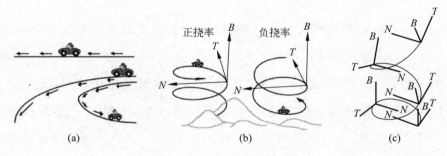

图 6.1.3　曲线的曲率和挠率
(a) 曲率;(b) 挠率;(c) 活动坐标框架

　　对二维曲面来说,情况比较复杂,在黎曼几何的意义上,有外在曲率和内蕴曲率之区别。外在曲率是外表看起来的曲率,而内蕴曲率才是内在的、本质的、真正的曲率。举球面、锥面、柱面的例子,3 种面在空间中都呈弯曲状,即外在曲率均为非零。但是,只有球面的内蕴曲率不为零,另外两种都是零。也就是说,锥面和柱面本质上与平面没有区别,我们也将这一类曲面称为可展曲面,见图 6.1.4。

　　直观而言,可展曲面就是可以展开成平面的那种曲面。比如,将

图 6.1.4(b)所示的锥面,用剪刀剪一条线直到顶点,就可以没有任何皱褶地平摊到桌子上。柱面可以沿着与中心线平行的任何直线剪开,便成了一个平面。

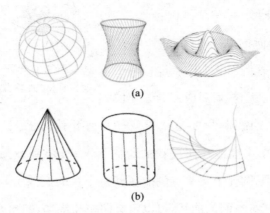

图 6.1.4　不可展曲面(a)和可展曲面(b)

　　图 6.1.4(a)所列举的是不可展曲面,也就是不能展开成平面的曲面。也可以用与刚才反过来的过程来解释可展和不可展。你用一张平平的纸,很容易卷成一个圆筒(柱面),或者是做成一顶锥形的帽子,但你无法做出一个球面来。你顶多只能将这张纸剪成许多小纸片,粘成一个近似的球面。同样的道理,你也无法用一张纸做出如图 6.1.4(a)所示的马鞍面的形状。由此可直观地看出可展面与不可展面的区别。

　　球面是不可展的。一顶做成近似半个球面的帽子,无论如何怎么剪裁它,都无法将它摊成一个平面。由此也可看出图 6.1.2 中两顶不同形状的帽子在几何上的本质区别。

　　黎曼几何为爱因斯坦的广义相对论准备了数学基础。由此可见数学对科学影响之巨大。

## 6.2　欧拉多面体公式

　　最美数学公式是欧拉恒等式。这"最美"称号是大家公认的。又有好奇的读者们会问：那么哪个公式是第二名呢？我想来想去还是想到欧拉头上，查阅资料后，果然是"英雄所见略同"，不少人认为下面的"多面体欧拉公式"是"最美公式"的第二名：

$$V - E + F = 2$$

多面体欧拉公式说的是：对于三维空间中的"简单多面体"，其顶点、棱、表面的数目满足：$V$（顶点数）$-E$（棱数）$+F$（表面数）$=2$（图 6.2.1）。

所谓多面体，就是所有面都是多边形的三维几何体；所谓简单多面体，即表面经过连续变形可以变为球面的多面体，或简单（不严格）地理解为任何"凸多面体"。

这个公式太简单了，简单到放进了小学生的课本里。实际上，甚至幼儿园的小朋友也能懂，但它的含义却可以深究到很远，深远到如今数学研究中仍然方兴未艾的拓扑学。

图 6.2.1 欧拉多面体公式

### 6.2.1 验证欧拉多面体公式

说到多面体，令人想到著名的"柏拉图正多面体"，所以我们先把它们拿来检验一下欧拉公式（图 6.2.2）。还有足球、阿基米德多面体、半正多面体等例子。

### 6.2.2 证明欧拉多面体公式

证明欧拉多面体公式的方法很多，下面介绍最简单的一种。

证明的思路是：简单多面体的表面如同橡皮膜一样可以拉伸，拉伸后点棱面的数目不变。将图 6.2.3（a）多面体剪去一个面（上底面）后，拉平、

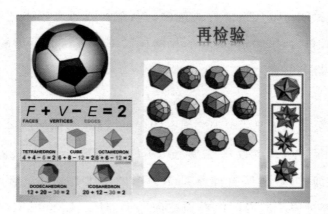

图 6.2.2　验证欧拉多面体公式

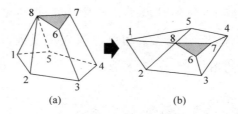

图 6.2.3　欧拉多面体公式的简单证明

（a）立体图剪去一个面；（b）拉平展开成平面图

展开成一个平面图（图 6.2.3(b)）。设多面体的顶点数为 $V$，棱数为 $E$，表面数为 $F$。证明中要用到多边形的一个性质：三角形内角和等于 $180°$，对于 $n$ 边形，可以分成 $(n-2)$ 个三角形，因此，$n$ 边形内角和为 $(n-2)\cdot 180°$。然后，用两种方法计算所有多边形的内角和，令两种方法的结果相等，便可得欧拉多面体公式。

方法 1：所有多边形的内角相加 $=A_1$；

$$A_1 = (n_1-2)\cdot 180° + (n_2-2)\cdot 180° + \cdots + (n_F-2)\cdot 180°$$

$$= (n_1+n_2+\cdots+n_F-2F)\cdot 180°$$

$$= (2E-2F)\cdot 180° = (E-F)\cdot 360°$$

方法 2：所有顶点周围的内角相加 $=A_2$；

设剪去面为 $m$ 边形,其内角和为 $(m-2)\cdot180°$,$V$ 个顶点中,边上有 $m$ 个,中间 $V-m$ 个。中间 $V-m$ 个顶点处的内角和为 $(V-m)\cdot360°$,边上 $m$ 个顶点处的内角和 $(m-2)\cdot180°$。再加上剪去多边形的内角和 $(m-2)\cdot180°$,所以:

$$A_2=(V-m)\cdot360°+(m-2)\cdot180°+(m-2)\cdot180°=(V-2)\cdot360°$$

由于 $A_1=A_2$,所以 $(E-F)\cdot360°=(V-2)\cdot360°$,$V+F-E=2$

证毕,得到欧拉多面体公式。

### 6.2.3 欧拉多面体公式的应用

欧拉多面体公式可以被应用来证明其他的几何性质,例如,证明只可能有 5 种正多面体存在(图 6.2.4)。

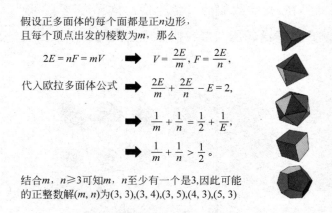

假设正多面体的每个面都是正 $n$ 边形,且每个顶点出发的棱数为 $m$,那么

$$2E=nF=mV \Rightarrow V=\frac{2E}{m},F=\frac{2E}{n},$$

代入欧拉多面体公式 $\Rightarrow \frac{2E}{m}+\frac{2E}{n}-E=2,$

$$\Rightarrow \frac{1}{m}+\frac{1}{n}=\frac{1}{2}+\frac{1}{E},$$

$$\Rightarrow \frac{1}{m}+\frac{1}{n}>\frac{1}{2}。$$

结合 $m$,$n\geqslant3$ 可知 $m$,$n$ 至少有一个是 3,因此可能的正整数解 $(m,n)$ 为 $(3,3),(3,4),(3,5),(4,3),(5,3)$

图 6.2.4 应用欧拉多面体公式证明只可能有 5 种多面体存在

### 6.2.4 欧拉多面体公式的拓扑意义

如果不是"简单多面体"的情况,欧拉定理:$F+V-E=2$ 推广为 $F+V-E=L$,$L$ 叫作欧拉示性数(图 6.2.5)。

欧拉示性数(Euler characteristic)是二维拓扑空间的一个拓扑不变量。

对有限无边界有向的二维流形,欧拉示性数 $L$ 和另一个拓扑不变量亏

格 $q$ 的关系为 $L＝2－2q$。亏格可直观理解为流形中洞的个数(图 6.2.6)。

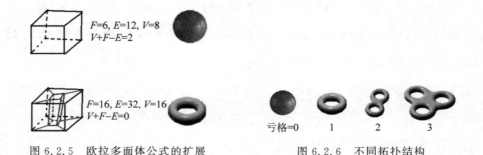

图 6.2.5　欧拉多面体公式的扩展　　　图 6.2.6　不同拓扑结构

## 6.3　图论趣题

数学无处不在,影响我们的日常生活。世界充满了"图",处处需要图论!(图 6.3.1)数学谜题能开启我们思维的大门。本节的数学趣题带你认识"图论"。

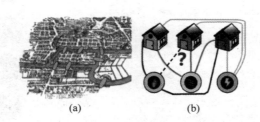

图 6.3.1　图论问题
(a) 哥尼斯堡七桥问题;(b) 三个小屋问题

### 6.3.1　哥尼斯堡七桥问题

这是哥德巴赫对欧拉提出的问题:在我的家乡哥尼斯堡,一条小河穿小镇而过。河中两个小岛通过七座小桥将全镇相连。$A$、$B$ 是两岸陆地,$C$、$D$ 是小岛。居民们每天在岸、桥、岛之间穿来穿去,或来去匆匆,或信步漫游。有喜好思考的人便琢磨一个有趣的问题:能否找到一条路线,在所有桥都只能走一次的前提下,把这个地方所有的桥都走遍? 好奇的市民们试了又试,无成功者!

欧拉把七桥问题抽象成一个与图形有关的数学问题。如图 6.3.2(b)所示:从 $A$、$B$、$C$、$D$ 任何一点出发,能否一笔画出图中所有连线(不能重复)? 因此,七桥问题实质上是一个连小学生也能明白的"一笔画"问题。但如果在纸上画来画去,尝试各种走法,发现要一笔画出图 6.3.2(b)中所有的连线是不可能的。

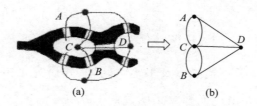

(a)　　　　　　(b)

图 6.3.2　哥尼斯堡七桥问题

如何才能一笔画出所有路径不重复? 欧拉深入研究这个问题,发现顶点连线数的奇偶性很重要。因此,欧拉提出并证明了一笔画的一般性判断准则:一个由点和连线构成的连通无向图能够一笔画出的充要条件是:图中奇顶点(边数为奇数的顶点)的总数是 0 或 2。

对"哥尼斯堡七桥问题"而言,4 个顶点都是奇顶点,图形的奇顶点总数为 4,所以,七桥问题无解。

下面对一笔画的判断准则给出一个简单证明。

必要性:奇顶点只能是起点或终点,起点加终点不能多于 2。奇顶点总数要么等于 2(1 始 1 终),要么等于 0(始点终点皆为偶顶点)。

充分性(1):如果图中全是偶顶点,任选一点出发,连一个环。如果这个环就是原图,证毕。如果不是,由于图是连通的,可以重复上述步骤若干步后将全图分为多个环。欧拉证明了,连通的环可以一笔画。

充分性(2):两个奇顶点的情况可加一条边将它们连上,转换成无奇顶点的连通图,然后进行(1)的步骤。

### 6.3.2 五房间谜题，图论简介

用一条连续的线穿过图中的每个"墙"一次且仅一次（图6.3.3）。与七桥问题类似，答案也是不可能。

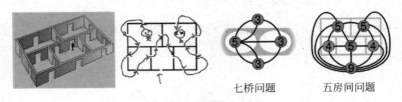

七桥问题        五房间问题

图6.3.3 七桥问题与五房间问题

欧拉深入研究了一笔画以及多笔画问题，并研究了由许多点和连线构成的各种类型图，并由此而建立了图论。

什么叫"图"？用数学的语言来说，一个"图"是两种元素："顶点"与"连线"的集合。比如，图6.3.4所示的都是"图"的例子。图论只感兴趣"图"中"连线"如何连接"顶点"，也就是说"图"的拓扑结构，而不感兴趣它们的几何位置及形状。这样，图6.3.4的(a)、(b)、(c)都是等效图。

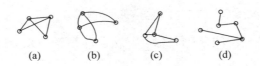

(a)        (b)        (c)        (d)

图6.3.4 "图"的例子

图论本身的蓬勃发展促进了其他学科的进步和发展，在生活和科技中有广泛的应用。图论成为拓扑学的起源，促进拓扑学的发展。对四色问题的研究是图论研究的一个例子。

物理上有一个应用图论的简单实例。物理学家基尔霍夫于1845年发表的基尔霍夫电路定律。电路的构造，特别是大规模集成电路布线问题，与图论密切相关。

如今的信息社会，网络结构无处不在，计算机、通信……还有各种社交

关系网,都涉及图和图论。

"图"可以用各种方法分类,图 6.3.5 是分类的一些例子。

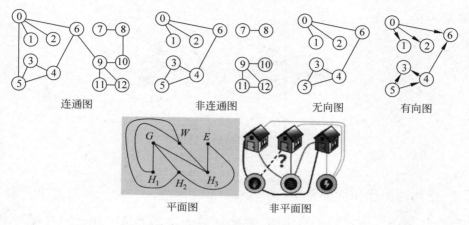

图 6.3.5 "图"分类的例子

### 6.3.3 三间小屋

图 6.3.5 中的分类例子,提到了"平面图"和"非平面图"。通俗地说,可以在平面上且连线互不交叉的图称为平面图,否则就是非平面图。下面将介绍的三间小屋问题对应的图不能嵌入平面,因此不是平面图。这道趣题将带你认识"拓扑图论"。

数学无处不在,影响我们的日常生活和科学技术,如三间小屋问题(图 6.3.6)。有三间小屋,要连接到天然气、水厂以及电力公司。若不考虑使用立体架构,也不通过任何小屋或是其他公共设备来传送资源,是否可以用九条线连接三间小屋及三间公共设备,而且九条线完全没有交错?

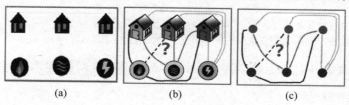

图 6.3.6 三间小屋问题
(a) 三间小屋;(b) 连接气水电;(c) 抽象图

类似三间小屋问题,还有印刷电路板平面布线问题(图 6.3.7):芯片 $A$ 中的 3 个引出脚各自都要接到芯片 $B$ 中的 3 个引出脚,而印刷电路上不能交叉。

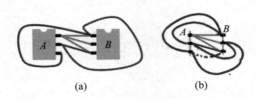

图 6.3.7　电路板布线问题
(a) 印刷电路;(b) 抽象图

上面两个问题的抽象图(图 6.3.6(b)和图 6.3.7(c))具有如下特点:首先,此类图的顶点分成两个组,因此这是一个二分图。如三间小屋问题中,3 个小屋是一组,3 个公共设施为另一组。而在印刷电路板中,芯片 $A$ 的 3 个点是一组,芯片 $B$ 的 3 个点为另一组。

其次,与"七桥问题"比较,问题不一样了。对应的不是一笔画问题,而是连线画在平面上"不能相交"的问题,即是否"平面图"的问题,或者说,是对应于"平面图"的判定问题。

再解释一下什么是二分图:这是一类顶点可以分成两个独立部分 $U$ 和 $V$ 的图。图中所有的边都是连接一个 $U$ 中的点和一个 $V$ 中的点。二分图经常被用来研究两种不同类型的物件之间的关系,例如,足球球员和球队的关系、男女婚配问题、雇主雇员关系等。二分图一般可以画成图 6.3.8(a)的模样,但并不是必须将 $U$ 组和 $V$ 组分开,例如,在 6.3.8(b)中,两种画法是等效的。

下面再解释平面图和非平面图。平面图(planar graph)是可以画在(嵌进)平面上并且边互不交叠的图(图 6.3.9),否则就称为非平面图。单连通平面图满足欧拉公式($V$(点)$-E$(棱)$+F$(面)$=2$),简单多面体对应的图都是平面图。

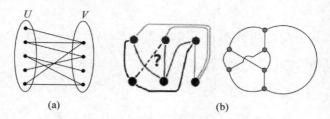

图 6.3.8　二分图

（a）一般二分图；（b）"三间小屋"的二分图（两个图等效）

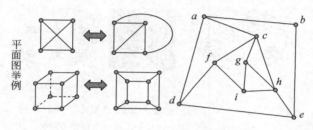

图 6.3.9　平面图

回到三间小屋问题。对应的图是"二分图"，并且是完全二分图，即 $U$ 中的所有顶点都与 $V$ 中的所有顶点相连。这里 $U$ 和 $V$ 都是 3 个顶点，该图被记为 $K_{3,3}$。因此，三间小屋问题就是判定 $K_{3,3}$ 是平面图还是非平面图的问题（图 6.3.10）。答案：是非平面图。

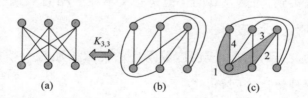

图 6.3.10　三间小屋问题等效 $K_{3,3}$

（a）三间小屋"图"；（b）$K_{3,3}$；（c）证明 $K_{3,3}$ 不是平面图

定理：$K_{3,3}$ 为非平面图，证明如下（参考图 6.3.10(c)）。

证明：

平面图满足欧拉多面体公式（$V$（点）$-E$（棱）$+F$（面）$=2$）。

如果 $K_{3,3}$ 是平面图的话，对应的 $V=6$，$E=9$，从欧拉多面体公式：

面数 $F=E+2-V=5$。

但 $K_{3,3}$ 每个面的边数都是 4，总边数 $=5\times4=20$。每个边被 2 个面共用，便可得边数 $=20/2=10$。与 $e=9$ 矛盾。

所以，$K_{3,3}$ 为非平面图。证毕。

因为 $K_{3,3}$ 不是平面图，不能不交叉地画在一个平面上，所以三间小屋问题无解。在平面和球面上都无解，但是，在甜甜圈面上却有解（图 6.3.11）。

(a)　　　　　　　　　　(b)

图 6.3.11　三间小屋问题在甜甜圈等拓扑结构上可解
（a）在甜甜圈和茶杯上的解；（b）默比乌斯带上的解

因此，三间小屋问题属于拓扑图论。

## 6.4　奇妙的克莱因瓶

克莱因瓶是真的还是假的？可以说它既是真的又是假的。现实中的克莱因瓶可以买到，当然是真的。但是它又不完全相同于真正数学意义上的克莱因瓶，所以又是假的。

现实中的克莱因瓶是个玩具，数学中的克莱因瓶是个拓扑概念，下面我们就来慢慢理解这些问题。

拓扑学通俗地被称为"橡皮泥几何"。即图形可以如同橡皮一样弯曲和拉长，不能撕开和接合，如面团捏来捏去，称为拓扑变换。图形在橡皮膜上保持不变的性质，称为图形的拓扑不变性。

拓扑结构可以具有不同的空间维数，最简单直观的是二维曲面构成的不同拓扑结构。例如，图 6.4.1 所示的圆柱面、默比乌斯带、甜甜圈、克莱因瓶，具有不同的拓扑性质。图 6.4.1(d)显示的克莱因瓶，便是现实中可以见到的那种"玩具"。因为数学上定义的克莱因瓶只能存在于四维空间，在三维空间是做不出来的！

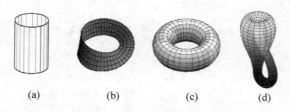

图 6.4.1  不同拓扑结构的二维曲面
（a）圆柱面；（b）默比乌斯带；（c）甜甜圈；（d）克莱因瓶玩具

图 6.4.1 所示的 4 种结构的生成过程互相关联。例如，一张长方形的纸，将两个对边粘到一起便构成柱面，如果扭一下再粘便能构成默比乌斯带。甜甜圈又怎么形成呢？可以首先构成柱面，再将柱面的两端粘到一起。我们可以把上面的过程描述得稍微"数学"一点，如图 6.4.2 所示。

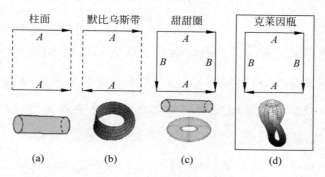

图 6.4.2  不同曲面生成过程

总结一下：柱面、默比乌斯带及环面（甜甜圈）的生成过程，可以用图 6.4.2 中所示的"矩形粘接图"来表示。矩形图的某些边上标有箭头，表示生成过程中的"操作"。比如说，图 6.4.2(a)中的矩形，上边和下边有向右的箭头，表示将这两条边粘起来。图 6.4.2(b)中的上下边也是箭头，说明这两条边也得粘在一起，但是，箭头的方向不同，所以必须扭一下再粘，因而成了默比乌斯带。图 6.4.2(c)中甜甜圈的形成过程包括两个操作：

上、下边粘一起（成柱面），再将柱面的两端粘一起。那么，应该如何生成克莱因瓶呢？从图 6.4.2(d) 中的矩形来看，也是包括两个操作：左右两边粘一起（成柱面），再将上、下边（扭一下之后）粘一起。然而，"柱面的两端扭一下再粘起来"，这句话好说不好做，在现实中可以按照图 6.4.3 所示的过程来做。

图 6.4.3　克莱因瓶生成过程

图 6.4.3 所示过程：首先构成柱面，然后，将圆柱伸展，如同一个底部有洞的瓶子。瓶颈一直伸长，穿过自身（必须挖一个洞）翻面与瓶底的洞口相接而成为最后右图展示的样子。这就是现实中能买到的"玩具"克莱因瓶！

但是，这样构造的克莱因瓶与数学上的克莱因瓶不同。因为必须挖一个洞，才能穿过自身将柱面"扭转"，但这不是提出克莱因瓶的数学家的原意。换言之，数学上定义的克莱因瓶无法在三维空间实现，按图 6.4.3 方式实现的结构是"自我交叉"的，为了避免自我交叉，需要多一个维度。所以，数学上的克莱因瓶（克莱因面）可以嵌入四维空间而得到。而生产制造的"现实版"克莱因瓶是数学上克莱因瓶"浸入"三维空间的图像。

## 6.5　纽结一瞥

日常生活中我们经常需要打结，比如系鞋带、绑行李之类的，还有种类不同且变化多样的中国结、九连环，等等。我们把它们称为"纽结""链环"。纽结和链环，两个词，既是生活中的用语，也是数学上的名词。生活中看起来平凡，数学理论却挺深奥。有人可能会说：打个结也有数学吗？答案是：

不但有,而且还有至今未解的难题!

　　这里我们只从数学中拓扑学的意义上介绍"纽结"(一个圈),链环可以被认为是扩展到多个圈的"纽结"(图 6.5.1)。纽结理论不仅仅有趣,还颇具应用价值。结绳记事由来已久,但从数学上研究纽结始于德国数学王子高斯,当年的高斯认为电磁场与纽结有关。1867 年开尔文认为原子是以太的纽结,苏格兰的泰特对纽结的分类做了很多工作。近年来,拓扑学诞生之后,纽结再次成为热点课题,如今的应用包括弦论、DNA 复制等领域。

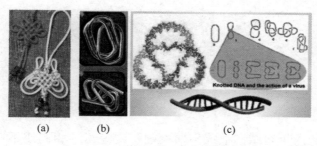

(a)　　　(b)　　　　　　(c)

图 6.5.1　纽结应用实例
(a)中国结;(b)九连环;(c)DNA 和纽结

　　与生活中所见的中国结等有所不同,数学上的纽结是由两端连接起来的三维空间的闭曲线构成的。二维图是一种投影图,交叉点用两条相交的线表示,但一条连续,另一条断开,连续的线在上面,断开的线在下面(图 6.5.2)。

(a)　　　　　(b)

图 6.5.2　纽结的数学表示
(a)真实纽结;(b)数学抽象图

　　纽结理论研究的是圆环嵌入三维实欧氏空间 $E^3$ 中的拓扑性质。如何根据拓扑性质来将纽结分类?

　　两个纽结相同,意味着从一个可以变成另一个,称为两个纽结"同痕"。例如,很容易看出,图 6.5.3(a)所示的橡皮圈可以经过变换变成如图 6.5.3(d)所示的圆圈。因此,图 6.5.3(a)的纽结与圆圈"同痕"。

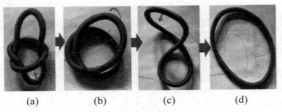

图 6.5.3　同痕于圆圈的纽结

但是，图 6.5.4(b)所示的三叶结，你会发现无论如何都没法将它变成一个圆环，因此，三叶结与圆圈不"同痕"。

图 6.5.4　同痕(a)和不同痕(b)

如何判断两个纽结同痕或不同痕呢？判定纽结相同或不同，使用赖德迈斯特移动所描述的纽结的三种同痕变换(图 6.5.5)。

扭　　　　　伸出　　　　　滑动

图 6.5.5　赖德迈斯特移动

怎么确定两个纽结不同痕呢？需要用不变量判定，包括三色性和亚历山大多项式。如果一个纽结投影图的线段可用 3 种颜色按如下规则染色，则称该纽结满足三色性。染色规则：①每个交点要么只有 1 种色，要么 3 种色；②整个投影图包括 3 种颜色。三色性是同痕不变量。如图 6.5.6 所示，三叶结满足三色性，平凡结不满足三色性。

三色性很简单但不足够，需要更多的不变量。例如，八字结既不同于圆圈，也不同于三叶结，需要更多的不变量来将它们分类(图 6.5.7)。

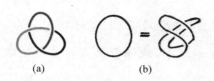

图 6.5.6 三色性

(a) 满足三色性；(b) 不满足三色性

图 6.5.7 八字结

1928 年亚历山大引进了纽结的多项式这个更易处理的不变量，是重要的进步。后来又有了康威多项式、琼斯多项式等，包含更多的信息。纽结理论是拓扑学的一个引人入胜的领域，它研究的是看得见摸得着的丰富多彩的几何现象，有着许多问题等待人们去解决，并且也因为它相当奥妙，计算机可以帮助分类问题。

## 6.6 庞加莱猜想

千禧年之际，美国的克雷数学研究所列出了 7 道难题（7 个猜想），每一道以百万美元大奖悬赏答案。如今 22 年过去了，唯一被证明了的只有其中的庞加莱猜想。

庞加莱猜想是拓扑学著名的研究问题之一，它最早是由法国数学家亨利·庞加莱提出的。2006 年确认由俄罗斯数学家格里戈里·佩雷尔曼完成最终证明，他也因此在同年获得菲尔兹奖，但佩雷尔曼拒绝了奖项，并未现身领奖。

1904 年，庞加莱提出了一个拓扑学的猜想：

"任一单连通的、封闭的三维流形与三维球面同胚。"

它给出最简单的三维空间（三维球面）的拓扑刻画。

单连通、封闭的、三维流形、三维球面、同胚……，涉及一堆数学名词，每一个词语都有严格的定义。我们可以直观通俗粗略地理解它们，比如说：单连通，就是没有洞；封闭的，就是无边界；同胚，就是拓扑结构相同。三维流形和三维球面没法在三维空间中画出来，因此我们只能用二维情况来帮助理解庞加莱猜想：

"任一单连通的、封闭的二维流形与二维球面同胚。"

地球是一个二维球面，古代人生活在地球上，地球有多大？什么形状？有没有边界？1519 年，麦哲伦带领船队从西班牙出发，一直向西航行，3 年后又回到了西班牙，人们认为，这次环球航行证明了地球是圆球形的。

但实际上，从现代拓扑学的观点看，麦哲伦绕了一圈回到原处的事实，并不足以证明地球是球形。这种说法是有逻辑漏洞的。怎么就不能是个甜甜圈形状呢？如果地球有个洞，麦哲伦的船队也照样能绕回来。不过人类后来发展了航空航天事业，上了天，已经目睹地球是球，没有洞，不是甜甜圈。现在我们可以应用我们的拓扑知识，为麦哲伦设计一个新方法（思想实验）来进一步证明地球是球形而不是环面。让麦哲伦带上一根长长的绳子，绳子的一端固定在出发点，另一端系在航海船上，最后他返回时，绳子也就绕了一个圈。如果无论他走哪条路线，后来都能把这个绳子圈收回来的话，就可以证明地球不是环面了。因为如果是环面的话，类似于图 6.6.1 右图红线道路的那个圈，绳子是不可能收回来的。

彩图 6.6.1

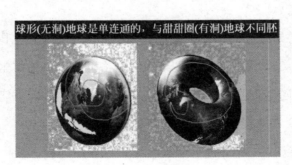

图 6.6.1 球形地球和甜甜圈地球

地球是二维球面，宇宙则是三维的了。那么，宇宙又是什么形状？开放还是封闭的？有限还是无限？是三维球面还是三维甜甜圈？这些大多属于物理问题，但却与庞加莱猜想密切相关。

100 多年来，庞加莱猜想的研究是拓扑学发展的重要动力（催生了 4 个菲尔兹奖)。它与物理及宇宙学紧密联系,以其看起来简洁易懂的表述和深奥丰富令人迷茫的内涵,吸引了无数数学家趋之若鹜、跃跃欲试,但后来的"证明历史"表明这是一个难度极大的问题。其中有终生扑在庞加莱猜想研究上未得其果的痴迷者,也有奋斗尝试了几年又转向其他领域的活跃分子,甚至还有一段涉及学术不端的丑闻牵扯其中。

一位希腊数学家赫里斯托斯·帕帕基里亚科普洛斯(Christos Papakyriakopoulos,简称帕帕,1914—1976 年)痴迷于此。德国数学家沃夫冈·哈肯(Wolfgang Haken,1928—   )研究数年后转向证明四色定理,1976 年证明了四色定理。

1961 年,斯蒂芬·斯梅尔(Stephen Smale,1930—   )将其推广到任意维,且巧妙地绕过三、四维,解决了五维及五维以上的广义庞加莱猜想,获得 1966 年的菲尔兹奖。斯梅尔后来研究与混沌有关的动力学理论也做出重要贡献。1982 年,美国数学家米歇尔·弗里德曼(Michael Freedman,1951—   ),解决了四维的广义庞加莱猜想,获得 1986 年菲尔兹奖。1980 年,W. 瑟斯顿(W. Thurston)提出了一般三维空间的几何化猜想,对庞加莱猜想的解决做出了贡献。2002 年,佩雷尔曼发表了破解庞加莱猜想的论文,之后,克雷研究所组织了几个数学小组,花费了 3 年时间验证了佩雷尔曼的结论。

佩雷尔曼是聪明绝顶的数学奇人,他十几岁时便是满分奥数冠军,20 多岁破解灵魂猜想,30 岁出头攻克庞加莱猜想。他成绩非凡,解决世界难题,却将大奖拒之门外。16 岁时美国名校要为他提供奖学金,他拒绝!他生活拮据不富裕,赢得克雷研究所百万美元,拒绝!他不在乎身份地位,多少名校想聘请他为教授,但他拒绝!数学界的最高荣誉,等价诺贝尔奖的菲尔兹奖颁发给他,也被拒绝!

这是怎样一位科学家!淡泊名利,拒绝诱惑。数学之神,人间难得。这就是解决宇宙形状问题的佩雷尔曼!

# 7  博弈拾趣

"博弈之道，贵乎严谨。"

博弈论又称为对策论、赛局理论等,属于经济学范畴,它既是现代数学的新分支,也是运筹学的一个重要学科,被认为是 20 世纪经济学最伟大的成果之一。博弈论可以应用在从生物学到政治学及多个人文学科中,是研究具有斗争或竞争性质现象的数学理论和方法。本章中仅仅介绍几个简单有趣的博弈论相关实例。

## 7.1　稳定婚姻

2012 年诺贝尔经济学奖授予哈佛大学阿尔文·罗思(Alvin Roth, 1951—　　)和加州大学劳埃德·沙普利(Lloyd Shapley, 1923—2016 年)(图 7.1.1),鼓励他们在"稳定匹配理论及市场设计实践"上所做的贡献。

阿尔文·罗思　　劳埃德·沙普利

图 7.1.1　2012 年诺贝尔经济学奖得主

稳定婚姻问题(图 7.1.2)或稳定匹配问题是生活中一个典型问题,也是组合数学里面一个切切实实被数学界研究过的问题(诺贝尔经济学奖),可通俗叙述如下:主办方举行配对活动——$n$ 女和 $n$ 男。首先,每位女士(男士)都按照自己偏爱程度将异性排序。问题是:主办方应该将他们如何配对才能组成稳定的家庭？

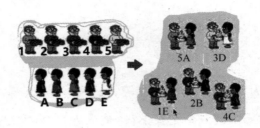

图 7.1.2　稳定婚姻问题

什么是稳定配对？$n$ 男 $n$ 女配对结婚后，没有不稳定的婚姻对，就是稳定配对。在稳定配对中，不会出现比起当前伴侣互相更喜爱的一对男女，即所有配对婚姻中没有不稳定（会私奔）的一对。例如，图 7.1.3 就是一种不稳定的配对。

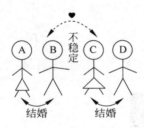

图 7.1.3　不稳定配对

如图 7.1.3 所示，A 和 B 结婚，C 和 D 结婚。如果"B 和 D 比较，C 更喜欢 B；A 和 C 比较，B 更喜欢 C"的话，B、C 可能走到一起，因此，这种婚配方案不稳定。将此概念用于 3 男（A、B、C）与 3 女（a、b、c）的配对情况，每个头像上标出了此人对 3 位异性的喜好排序，如图 7.1.4 所示。例如，对 A 而言，排序是 bca，最喜欢 b，然后 c、a。

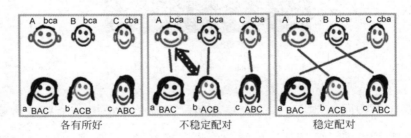

图 7.1.4　ABC 和 abc 的配对方案举例

图 7.1.4 显示了两种配对方案：中间图是一种不稳定方案，因为存在

"不稳定对",而右图则是一种稳定方案。

在计算机技术发达的今天,稳定婚姻问题可以用算法来解决。1962年,美国数学家大卫·盖尔(David Gale)和劳埃德·沙普利发明了一种寻找稳定婚姻的策略,人们称之为延迟认可算法(也称 Gale-Shapley 算法)。

除婚姻之外,该问题对许多匹配问题具有深远影响。例如,该算法目前正在纽约和波士顿公立学校系统中用于将学生分配到学校。

解释一下延迟认可算法。首先将问题抽象为图论中的二分图,包括男士的顶点集合 $U$ 和女士的顶点集合 $V$。初始时,所有男士标为自由男(图 7.1.5 中打钩表示)。存在自由男时,做如下操作:

- 每位自由男在所有尚未拒绝他的女士中选一位被他排名最前的女士求婚。
- 每位女士比较求婚的自由男和当前男友,选择排名优先男士作为新男友;即若自由男优于当前男友,则抛弃当前男友;否则保留其男友,拒绝自由男。
- 若某男士被其女友抛弃,重新变成自由男。

继续操作直到没有自由男。

以下将延迟认可算法用于 3 男(A、B、C)3 女(a、b、c)配对问题,如图 7.1.5 所示。

初始状态:3 名男士都被标为自由男(打钩);

第一天:每个自由男士向排名最前女生求婚,Ab、Cc 订婚,B 被拒绝;

第二天:自由男 B 向 c 求婚,c 抛弃 C,接受 B,C 成为自由男;

第三天:自由男 C 向 b 求婚,b 比较 A 和 C,拒绝 C,C 保持自由男;

第四天:自由男 C 向 a 求婚,a 还没被人追求过,接受 C;

结果:没有了自由男,终止。所有男女配成了稳定对。

延迟认可算法有哪些特点呢?

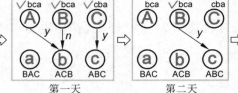
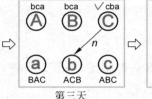
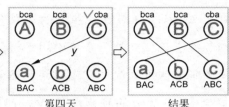

图 7.1.5　延迟认可算法用于 3 男 3 女配对

- 男士优先,采取的是传统男士主动求婚;

- 女士被动,但喜新厌旧,可以悔婚,对前来求爱的男士进行选择;

- 每个人都有可能订婚一次或多次。每订一次婚,女士的有利因素会增加,而男士品位减低。经过多次求婚订婚之后,每位男女最终都会找到合适的伴侣。不一定是最爱,但不会出现不稳定想私奔的一对,所有人组成稳定的婚姻。

数学上可以证明:

- 过程会终止,不无限循环;

- 所有婚姻都是稳定的;

- 男性获得尽可能好的伴侣;

- 女人可能被最不喜欢的人追上。

## 7.2　海盗分金

海盗分金是《博弈论》中一个简单的逻辑问题,有许多大同小异的不同版本。海盗,给我们的印象是一伙在海上抢人钱财、夺人性命的亡命之徒,但据说是世界上最民主的团体,凡事都定好规矩,投票解决。船上的唯一惩罚方法,就是被丢到海里去喂鱼。这里提出的问题是:假设现在船上有 $N$ 个海盗,将要如何分配抢来的 $M$ 枚金币呢?应该是由这 $N$ 个海盗轮流提出方案,然后大家投票来解决。具体地说,让我们考虑 5 个海盗分 100 枚金币的问题。

数学家们惯用的方法就是在解决问题之前作一系列的假设。对这个问题也是如此。他们对"海盗"及"投票"作了如下几点假设:

首先,对方案投票的原则:一人一票,如果有半数以上(此版本不包括半数)的海盗同意这个方案,那么就以此方案分配,否则这个提出方案的海盗就将被丢到海里去喂鱼。然后提出方案的先后次序:由每个海盗的凶猛性来决定。每个海盗的凶猛性不一样,所以,我们首先按凶猛性从高到低来排列这 5 个海盗:A、B、C、D、E。也就是说:A 首先提出分配方案,然后投票。如果方案通过,则分配,否则,A 被丢到海里喂鱼,然后,B 提出分配方案,投票,依此类推。

对每个海盗,有三点假设:①首先保命不被喂鱼;②得到尽可能多金币;③都会正常逻辑思维。换言之,海盗除了凶猛性不一样,思维方式完全一样,像是大脑中编进了固定程序的机器人海盗。每个海盗也知道,大家都如此思维!当然,这是不现实的,是数学家们无可奈何时作的假设。看起来,最下层的 E 最安全,不会被喂鱼!首当其冲的 A 喂鱼可能性似乎较大,那么,A 是不是应该用"自己少得点金币"来保命呢?问题问的便是,A 的最佳方案是什么?

如果我们反过来推理(逆向思维),首先考虑只剩 1 个海盗 E,他当然独享 100 金币;如果有 2 个海盗 D 和 E 的情况:无论 D 什么方案,E 都会反对,D 一定喂鱼。因此,到了这一步,D 已经没救了,所以他的希望是在上一步!见图 7.2.1(a)。

有 3 个海盗 C、D、E 的情况:C 知道 D 一定会为了保命而支持他。因此,他的最佳方案是自己得 100 枚金币,D、E 得 0 枚,100、0、0,见图 7.2.1(b)。

如有 4 个海盗 B、C、D、E,B 知道 C 一定反对他,所以他放弃 C 而拉拢 D 和 E:98、0、1、1,见图 7.2.1(c)。

如此推理到 5 人情况,见图 7.2.1(d)。A 知道 B 一定反对他,所以放弃 B 而拉拢其他人。C 只需 1 枚金币,D 和 E 需 2 枚,只拉拢一个:97、0、1、2、0 或 97、0、1、0、2。

|  | A | B | C | D | E |
|---|---|---|---|---|---|
| E |  |  |  |  | 100 |
| D E |  |  | D必死无疑 |  |  |

(a)

|  | A | B | C | D | E |
|---|---|---|---|---|---|
| E |  |  |  |  | 100 |
| D E |  |  | D必死无疑 |  |  |
| C D E |  |  | 100 | 0 | 0 |

(b)

|  | A | B | C | D | E |
|---|---|---|---|---|---|
| E |  |  |  |  | 100 |
| D E |  |  | D必死无疑 |  |  |
| C D E |  |  | 100 | 0 | 0 |
| B C D E |  | 98 | 0 | 1 | 1 |

(c)

|  | A | B | C | D | E |
|---|---|---|---|---|---|
| E |  |  |  |  | 100 |
| D E |  |  | D必死无疑 |  |  |
| C D E |  |  | 100 | 0 | 0 |
| B C D E |  | 98 | 0 | 1 | 1 |
| A B C D E | 97 | 0 | 1 | 2 | 0 |
|  | 97 | 0 | 1 | 0 | 2 |

(d)

图 7.2.1　用逆向思维法分析海盗分金问题
(a) 只剩 D 和 E 两人;(b) 剩下三人 C、D、E;(c) 剩下四人 B、C、D、E;(d) 五人 A、B、C、D、E

同样的基本推理方法,可以推广至将上面的几条假设作一点点改变的各种情况。

几个趣味点(如果一切和假设条件一样):

①A 稳操胜算;②A 得了 100 中的大部分;③B 往往被忽略;④拉拢低层很重要。

金币数和海盗数大变时,有时结果会产生质的变化。例如:如果海盗数大大增加(或者金币数减少),使得先提方案的"上层海盗"没有足够的金币来拉拢到超过一半的支持者,有时便会无法逃脱"喂鱼"的悲惨下场。例如,当有 203 位海盗时,等级最高的海盗必死无疑。因为他需要 102 票,但是他没有足够的金币去收买 101 人,无法通过。

人数再增加会产生一些复杂有趣的现象,我们不予讨论,详情可参考艾恩·史都华在 1999 年 5 月期的《科学美国人》发表的文章。

海盗博弈可以适用于不同的数学和经济模型,但理论结果或许与我们的直观认识相差甚远。因为数学模型的假设是抽象化和理想化的,但在一定的意义上,仍然能给我们某种启示。

## 7.3  三妻争遗产

博弈论真正发展是 20 世纪的事,但古代故事中却不乏博弈论的影子。今天这个故事便是其中之一。1500 年前犹太法典《塔木德》中记载的故事,会让你见识到犹太人的智慧。

《塔木德》中记载了一场分配财产的纠纷(图 7.3.1)。富翁在婚书中向他 3 位妻子分别许诺,他死后将给大老婆 100 块金币,给二老婆 200 块金币,给三老婆 300 块金币。

图 7.3.1  三妻分遗产问题

如果这名富翁死后,财产刚好是 600 块金币,问题当然很简单,但如果他的遗产不是 600 块金币的话,应该如何裁决这场官司呢?你们可能说:"三人平分!"也有人说按照 1∶2∶3 的比例分配!都有道理!但犹太人中的"拉比"（Rabbi）[①]，是懂法律、善思考、德高望重的大智者，他给出的分配方案，出乎你我意料之外。

比如说当遗产只有 100、200、300 块金币的时候，财产分配（《塔木德》[②]）方案会如图 7.3.2 中所述。初一看这个表格好像有问题，三种情形没有一个统一原则，还互相矛盾。你看，遗产为 100 块金币时，三人平分；300 块金币时，是按照富翁承诺的比例分；200 块金币时的分法，就不知从何而来了！

100(平分)：
100/3，100/3，100/3

200(奇怪的分法)：
50，75，75

300(按比例)：
50，100，150

图 7.3.2　犹太拉比的分法

不过拉比是智者中的智者，一定有他的道理。所以，上述分配方案曾经是无人能解释的"千古之谜"。直到 1985 年，两位学者，罗伯特·奥曼和马希勒发表了一篇论文，这个谜才算解开。奥曼后来是 2005 年诺贝尔经济学奖得主，虽然该文章不是得奖原因，但论文作者证明了拉比的裁决完全符合博弈论的原理。

据说犹太拉比的上述分配方案是基于"分大衣原则"。那么，什么是"分大衣原则"呢？

两人抓住一件大衣，A 说，这大衣全部是我的；B 说，这大衣一半是我的。解决结果：A 得大衣的 3/4；B 得 1/4。为什么呢？这里包括三个

---

[①]　拉比是犹太人中的一个特别阶层，是老师也是智者的象征。

[②]　《塔木德》是犹太教的宗教文献。源于公元前 2 世纪至公元 5 世纪间，记录了犹太教的律法、条例和传统。

原则：

①仅分割有争议财产,无争议财产不予分割；②宣称更多财产的一方最终所得不少于宣称较少一方；③争议者超过两人时,将争议者按照其诉求金额排序,最小者自成一组,剩下另成一组,争议财产在两组间公平分配。既然 B 宣称只拥有一半大衣,因此有争议部分只是这一半。A 就首先当然地得到了无争议的另一半(1/2)；然后,对有争议的那一半(1/2),A、B 再平分。所以,最后结果：A 得大衣的 3/4；B 得 1/4。

现在我们将这"分大衣原则",用于"三个老婆分遗产问题"。遗产为 100 块金币的第一种情况：这 100 块金币全有争议,有三位争议者,根据第三条,大老婆要求 100 块而自成一方,二老婆和三老婆结盟体(以下简称结盟体)要求 500 块。因此,根据第一条,两方平分这 100 块,得到大老婆 50 块、二老婆 25 块、三老婆 25 块的假设方案。但是,这一方案不符合分大衣原则的第二条,也就是不符合约束条件 2——二老婆和三老婆的要求高于大老婆,所得不应少于大老婆。那么需要修正大老婆和结盟体之间的分配比例,以符合约束条件。修正的结果最后便有了：100/3 块,100/3 块,100/3 块,即三人平分是符合三条原则的真正方案。

如果遗产为 200 块金币的情况：遗产有 200 块,大老婆只要求 100 块,结盟体要求 500 块。因此,200 块遗产中的 100 块是无争议的,自然归结盟体所有。100 块有争议的金币由争议双方平分：大老婆 50 块,结盟体共享 50 块,二老婆、三老婆平分 150 块,然后得出假设方案：50,75,75。再检查约束条件也符合：要求多的人所得不少于要求少的人。所以,这一次简单,不需要修正,这一假设方案就是真正方案！

如果遗产为 300 块金币的情况：第一次分配与情况 2 类似。遗产有 300 块金币,大老婆只要求 100 块,结盟体要求 500 块。因此,300 块金币中的 200 块是无争议的,自然归结盟体所有。100 块有争议的金币由争议双方平分：大老婆 50 块,结盟体共享 50 块。然后,结盟体中的二老婆、三老婆分配第一次得来的 250 块。再用分大衣原则。这次的情况是：250 块金币中,二老婆要求 200 块,三老婆要求 300 块。所以,250 块金币中,50 块无争议的自然归三老婆所有,再用平分原则分有争议的 200 块,二老婆、三老婆各得 100 块,最后方案便成为 50 块,100 块,150 块,也符合约束条件。

还可以推广到遗产为任意金币数 $N$ 的情形：

若 $N \leqslant 150$,大老婆获得 $N/3$ 块,二老婆获得 $N/3$ 块,三老婆获得 $N/3$ 块。

若 $150 < N \leqslant 250$,大老婆获得 50 块,二老婆获得 $(N-50)/2$ 块,三老婆获得 $(N-50)/2$ 块。

若 $250 < N \leqslant 350$,大老婆获得 50 块,二老婆获得 100 块,三老婆获得 $N - 150$ 块。

若 $350 < N \leqslant 500$,大老婆获得 50 块,二老婆获得 $(N/2) - 75$ 块,三老婆获得 $(N/2) + 25$ 块。

若 $500 < N < 600$,大老婆获得 $(N/2) - 200$ 块,二老婆获得 $(N/4) + 50$ 块,三老婆获得 $(N/4) + 150$ 块。

若 $N \geqslant 600$,则大老婆获得 $N/6$ 块,二老婆获得 $N/3$ 块,三老婆获得 $N/2$ 块。

## 7.4　纳什均衡

谈博弈论不可能不谈纳什,以及他的纳什均衡。纳什均衡理论是由著名的经济学家、博弈论创始人、诺贝尔奖获得者约翰·纳什(John Nash Jr.,1928—2015 年)提出的,他也是电影《美丽心灵》的男主角原型。

2015 年 5 月 23 日,纳什和他的妻子在挪威领完享有盛名的阿贝尔奖之后，回家途中在美国新泽西被一场车祸夺去生命，留下他的数学成就永照人间。

纳什均衡理论是说：在非合作类博弈中，存在一种策略组合，使得每个参与人的策略是对其他参与人策略的最优反应。如果参与者当前选择的策略形成了"纳什均衡"，那么对于任何一位参与者来说，单方更改自己的策略不会带来任何好处。因此，有人认为可以用三个字"不后悔"，形容纳什均衡的精髓。因为在环境不变的条件下，后悔不带来任何好处。

假设每个人都是聪明和理性的，做出的决策一定是对自己最有利的。没有人有改变策略的意愿，那么就是一个纳什均衡。

我们通过例子，直观地理解这个理论。

### 7.4.1 囚徒困境

囚徒困境是纳什均衡最经典的案例。大意是说：警察对两个嫌犯分开审讯并分别告知他们，如果你招供对方不招供，则你将被释放，而对方将被判刑 10 年；如果两人均招供，都被判刑 2 年；如果两人均不招供，都被判刑半年。如果两囚徒都聪明而理性，他们会做何种选择？

首先，我们列出两人的博弈矩阵（表 7.4.1），分别考虑两个囚犯在不知对方选择的情况下，符合自己利益的选择是什么。

表 7.4.1　囚徒困境的博弈矩阵

| | | 乙 | |
|---|---|---|---|
| | | 招供 | 不招供 |
| 甲 | 招供 | 甲判 2 年，乙判 2 年 | 甲释放，乙判 10 年 |
| | 不招供 | 甲判 10 年，乙释放 | 甲判半年，乙判半年 |

例如，对甲而言，如果乙选择了"招供"：甲招供判 2 年，不招供判 10 年，因此选择"招供"更有利；如果乙选择"不招供"：甲招供被释放，不招供判半年，也是选择"招供"更有利。所以，甲应选择"招供"。

同样的分析用到乙身上，乙也应选择"招供"。所以，两人从各自的利益角度出发,都依据各自的理性而会选择"招供",即甲乙各判两年的结果。这种情况就称为纳什均衡点。这时个体的理性利益选择是与整体的理性利益选择不一致的,因为就整体而言,如果两人均"不招供"得到的结果(甲乙各判半年)是更好的。

从以上分析得出结论:纳什均衡点不一定是整体利益的最优策略,但却是每个参与者"不知他人如何选择,只考虑自身利益"的条件下将采取的"不后悔"策略,因为后悔不带来任何好处。

### 7.4.2　三策略博弈

纳什均衡还有许多其他实例,例如参与者可以多于两人,或者是两人博弈但有更多的选择策略。表 7.4.2 所示的便是一个两人各有三种策略的例子。表中列出的是各种具体情况下甲乙两人(或互相竞争的两个公司)的收益数目。两方用与上例囚徒困境类似的"不知他人如何选择,只考虑自身利益想法"各自进行利益比较,最后的纳什均衡点是$(A_3, B_3)$,即$(550, 550)$。

表 7.4.2　两人三策略中的收益矩阵

| | | 乙 | | |
|---|---|---|---|---|
| | | $B_1$ | $B_2$ | $B_3$ |
| 甲 | $A_1$ | 650,650 | 350,700 | 400,600 |
| | $A_2$ | 700,350 | 600,600 | 350,650 |
| | $A_3$ | 600,400 | 650,350 | 550,550 |

# 人名和术语

[1] 泰勒斯(Thales,前 624—前 546 年),古希腊米利都人,世界第一位数学家。

[2] 埃尔温·薛定谔(Erwin Schrödinger,1887—1961 年),奥地利理论物理学家,量子力学奠基人之一。

[3] 毕达哥拉斯(Pythagoras,前 570—前 495 年),古希腊数学家、哲学家和音乐理论家。对数字痴迷到近乎崇拜,提出"万物皆数"。

[4] 芝诺(Zeno,前 490—前 430 年),古希腊哲学家,以善辩并提出芝诺悖论著称,也叫"爱利亚的芝诺"。

[5] 芝诺悖论,是芝诺提出的一系列关于运动的不可分性的哲学悖论,被记录在亚里士多德的《物理学》一书中。最著名的两个哲学悖论是"阿喀琉斯追乌龟"和"飞矢不动"。可以用无限的概念解释。

[6] 阿基米德(Archimedes,前 287—前 212 年),古希腊数学家、物理学家、发明家、工程师、天文学家。出生于西西里岛的锡拉库扎。

[7] 惠施(Hui Shi,前 370—前 310 年),尊称惠子,是中国古代(战国时期)的名家学派代表人物、辩客和哲学家。

[8] 柏拉图(Plato,前 429—前 347 年),古希腊哲学家,雅典人。创建柏拉图学院,据说门口竖着一块牌子,上面写着"不懂几何者勿入"。

[9] 欧多克索斯(Eudoxus,前 408—前 355 年),古希腊数学家,创立比例论而解决了第一次数学危机。

[10] 欧几里得(Euclid,前 325—前 265 年),古希腊数学家,被誉为"几何学之父",以其著作《几何原本》闻名于世。

[11] 尼古拉·罗巴切夫斯基(Nikolai Lobachevsky,1792—1856 年),俄罗斯数学家,非欧几何的早期发现人之一。

[12] 托勒马斯(Ptolemaeus,约 100—168 年),古希腊学者,以"地心说"著称,著有《天文学大成》。他为研究天文而制作"弦表",推动了三角学的发展。

[13] 喜帕恰斯(Hipparchus,前 190—前 120 年),古希腊天文学家、数学家、三角学奠基人,他偶然间发现了岁差,指地球自转轴缓慢且均匀的变化。

[14] 丢番图(Diophantus,200—284 年),古希腊数学家,著有《算术》一书,被誉为"代数之父"。

[15] 希帕索斯(Hippasus,约公元前 500 年),古希腊数学家,属于毕达哥拉斯学派门生,发现无理数的第一人。

[16] 伯特兰·罗素(Bertrand Russell,1872—1970 年),英国哲学家、数学家和逻辑学家。

[17] 罗素悖论,俗称理发师悖论,罗素提出,引发第三次数学危机。

[18] 莱昂哈德·欧拉(Leonhard Euler,1707—1783 年),瑞士数学家和物理学家,近代数学先驱之一,他一生大部分时间在俄国和普鲁士度过。

[19] 图论(graph theory),数学的一个分支。图是图论的主要研究对象。图是由若干给定

的顶点及连接两顶点的边所构成的图形,顶点代表事物,连接边则表示事物间的关系。图论起源于被欧拉解决的哥尼斯堡七桥问题。

[20] 数论(number theory)是纯数学的分支之一,主要研究整数的性质。被誉为"最纯"的数学领域。

[21] 卡尔·高斯(Carl Gauss,1777—1855年),德国数学家、物理学家、天文学家。

[22] 群论(group theory),研究"群"的性质和代数结构的数学理论。

[23] 拓扑学(topology),研究空间、维度与变换等概念。在拓扑学之中,并不拘泥于一个拓扑空间所包含的体积、面积、长度等变量,而是在乎这个拓扑空间所拥有的内禀性质。

[24] 伯恩哈德·黎曼(Bernhard Riemann,1826—1866年),德国数学家,黎曼几何学创始人,复变函数论创始人之一。也以黎曼猜想著称。

[25] 拓扑不变量(topologicalinvariant property),拓扑变换中保持不变的量,如亏格、欧拉示性数等。

[26] 欧拉示性数(Euler characteristic)是一个拓扑不变量。例如,圆圈和环面其欧拉示性数为0而实心球欧拉示性数为1。

[27] 伽利略·伽利莱(Galileo Galilei,1564—1642年),意大利物理学家、数学家、天文学家,科学革命重要人物,被誉为现代科学之父。

[28] 开普勒(Kepler,1571—1630年),德国著名天文学家、数学家。

[29] 艾萨克·牛顿(Isaac Newton,1643—1727年),英国著名物理学家、数学家,建立牛顿力学,发明微积分。

[30] 阿尔伯特·爱因斯坦(Albert Einstein,1879—1955年),最伟大的物理学家,德国人,1935年之后在美国度过。

[31] 狭义相对论(special relativity),爱因斯坦、洛仑兹和庞加莱等人创立,应用在惯性参考系下的时空理论,是对牛顿时空观的拓展和修正。

[32] 广义相对论(general relativity),爱因斯坦创立。物质分布使得时空弯曲的理论。主要数学公式是引力场方程,或称爱因斯坦方程。

[33] 经典力学(classical mechanics),以牛顿运动定律为基础,在宏观世界和低速状态下,研究物体运动的基本学科。牛顿创立,后来,拉格朗日、哈密顿创立更为抽象的研究方法来表述。

[34] 亨利·庞加莱(Henri Poincaré,1854—1912年),法国著名数学家、物理学家。

[35] 莱布尼茨(Leibniz ,1646—1716年),德国哲学家和数学家,与牛顿共享微积分的发明权。

[36] 约翰·伯努利(Johann Bernoulli,1667—1748年),瑞士数学家,欧拉的老师,雅各布·伯努利的弟弟,丹尼尔·伯努利的父亲。解决悬链线问题和最速落径问题。

[37] 雅各布·伯努利(Jakob Bernoulli,1654—1705年),瑞士数学家。因伯努利分布、伯努利大数法则等著名。

[38] 丹尼尔·伯努利(Daniel Bernoulli,1700—1782年),瑞士数学家,约翰·伯努利之子。发现伯努利定律。

[39] 解析延拓(analytic continuation)是数学上将解析函数从较小定义域拓展到更大定义域的方法。

[40] 傅里叶变换(Fourier transform)是一种线性积分变换,用于信号在时域(或空域)和频

域之间的变换,在物理学和工程学中有许多应用。

[41]　布莱士·帕斯卡(Blaise Pascal,1623—1662 年),法国数学家。

[42]　勒内·笛卡儿(René Descartes,1596—1650 年),数学家、哲学家。有名言"我思故我在"。数学成就:创建解析几何。

[43]　皮埃尔·费马( Pierre Fermat,1601—1665 年),法国数学家,提出费马大定理。

[44]　刘徽(225—295 年),中国三国时代魏国数学家。为《九章算术》作注。

[45]　秦九韶(1208—1268 年),中国宋朝数学家,著有《数书九章》,证明中国剩余定理。

[46]　祖冲之(429—500 年),中国南北朝时期数学家和天文学家,计算圆周率到小数点后7 位。

[47]　祖暅(456—536 年),中国南北朝时期数学家,祖冲之的儿子,以计算物体体积的祖暅原理而著名。

[48]　王贞仪(1768—1797 年),中国清代女数学家、天文学家。

[49]　流形(manifolds)是可以局部欧几里得空间化的一个拓扑空间。欧几里得空间是最简单的流形实例。

[50]　单连通(simply connected)是拓扑空间的一种性质。直观地说,就是空间中的所有闭曲线都能连续收缩至一点。

[51]　同胚(homeomorphism)是保持两个拓扑空间的所有拓扑性质的映射。一个拓扑空间经过连续变化和弯曲,可以变成另一个拓扑空间。例如,圆和正方形是同胚的,而球面和环面就不是同胚的。

[52]　同痕(isotopy),纽结理论中,若两个结同痕,则我们视之相等;换言之,可以在不使结扯断或相交的条件下彼此连续地变形。

[53]　亏格(genus),曲面的一个性质。直观看,是其具有的"孔"的数量,因此,一个球体的亏格为 0,而一个圆环的亏格为 1。

[54]　曲率(curvature),描述几何体弯曲程度的量,例如曲面偏离平面的程度,或者曲线偏离直线的程度。

[55]　希帕提娅(Hypatia,350? —415 年),希腊女数学家。

[56]　亚历山大港,希腊化时代的科学文化中心,位于埃及。这里的亚历山大图书馆曾是世界上最大的图书馆,由埃及托勒密王朝的国王托勒密一世在公元前 3 世纪所建造,后来惨遭火灾被摧毁。

[57]　迈克尔·阿蒂亚爵士(Sir Michael Atiyah,1929—2019 年),英国黎巴嫩裔数学家,菲尔兹奖和阿贝尔奖双料得主。

[58]　约瑟夫-路易斯·拉格朗日,(Joseph-Louis Lagrange,1736—1813 年),法国数学家。

[59]　尼尔斯·阿贝尔(Niels Abel,1802—1829 年),挪威数学家,证明了五次及五次以上方程无根式解。

[60]　埃瓦里斯特·伽罗瓦(Évariste Galois,1811—1832 年),法国数学家,创建了群论。

[61]　博弈论(game theory),经济学的一个分支,也是数学分支。

[62]　圆锥曲线 (conic section)指的是在几何学中由平面和直圆锥相交产生的曲线,包括圆、椭圆、双曲线、抛物线等。

[63]　海伦(Hero,约 10—70 年,也有翻译成希罗),古希腊数学家。他居住于罗马时期的埃及省,也是一名活跃于亚历山大港的工程师,他被认为是古代最伟大的实验家。

[64] 路易斯·柯西(Louis Cauchy，1789—1857年)，法国数学家，将微积分及极限概念严格化。

[65] 魏尔斯特拉斯(Weierstrass，1815—1897年)，德国数学家，被誉为"现代分析之父"。重要贡献之一是给函数的极限建立了严格的定义。

[66] 克里斯蒂安·惠更斯(Christiaan Huygens，1629—1695年)，荷兰物理学家、天文学家和数学家。惠更斯一生研究成果丰富，多个领域有所建树。以光学中的惠更斯原理，以及对土星的研究而著名。他对莱布尼茨、牛顿都有影响。

[67] 约瑟夫·傅里叶(Joseph Fourier，1768—1830年)，法国数学家。以傅里叶变换、傅里叶级数等而著名。

[68] 库尔特·弗雷德里希·哥德尔(Kurt Friedrich Gödel，1906—1978年)，一个出生于奥匈帝国，后半生在美国度过的数学家。被人誉为亚里士多德之后最好的逻辑学家。以哥德尔定理著称。

[69] 大卫·希尔伯特(David Hilbert，1862—1943年)，德国数学家，是19世纪末和20世纪前期最具影响力的数学家之一。1900年，希尔伯特在国际数学家大会提出"希尔伯特的23个问题"，为20世纪的许多数学研究指出方向。

[70] 让·勒朗·达朗贝尔(Jean le Rond d'Alembert，1717—1783年)，法国数学家。

[71] 戈弗雷·哈代(Godfrey Hardy，1877—1947年)，英国著名数学家。

# 参 考 文 献

[1] 博耶.数学史(修订版)[M].秦传安,译.北京:中央编译出版社,2012.

[2] 洪万生.阿基米德的现代性:再生羊皮书的时光之旅[EB/OL].(2007-09)[2022-01-30].https://math.ntnu.edu.tw/~horng/letter/1009.pdf.

[3] 爱因斯坦.爱因斯坦文集(第一卷)[M].许良英,范岱年,编译.北京:商务印书馆,1976:574.

[4] SNAPPER E. The Three Crises in Mathematics: Logicism, Intuitionism, and Formalism[J]. Mathematics Magazine,1979(52):207-216.

[5] 蒙克.罗素传:孤独的精神1872—1921[M].严忠志,欧阳亚丽,等译.杭州:浙江大学出版社,2015.

[6] 王浩.哥德尔[M].康宏逵,译.上海:上海译文出版社,2002:110.

[7] Wikipedia . Michael Atiyah[EB/OL]. [2022-01-30]. https://en.wikipedia.org/wiki/Michael_Atiyah.

[8] 钱伟长.论拉氏乘子法及其唯一性问题[J].力学学报,1988,20(4):313-324.

[9] 张天蓉.广义相对论与黎曼几何系列之四:内蕴几何[J].物理,2015,44(8):539-541.

[10] BOMBIERI E. Problems of the Millennium: the Riemann Hypothesis[EB/OL]. [2022-01-30]. https://www.claymath.org/sites/default/files/official_problem_description.pdf.

[11] 高斯.关于曲面的一般研究[M].哈尔滨:哈尔滨工业大学出版社,2016.

[12] 张天蓉.科学是什么[M].北京:清华大学出版社,2019:60.

[13] YAU S-T,NADIS S. The Shape of Inner Space[M]. New York: Basic Books,2010:169-170.

[14] NASH J. Non-Cooperative Games[J]. The Annals of Mathematics,1951(54):286-295.

# 后　记

　　这本书起始于作者做的一个"数学大观园"视频系列讲座，感兴趣的读者可以在 YouTube 上看到视频系列，也同步发表在微信公众号：深究科学（deepscience）的视频号上。

　　视频讲座的初衷是介绍古今中外的若干趣味数学问题，其中有讲不完的故事，是一个永远不会结束的题材。因此，在此书定稿之后，仍然继续更新了几次视频，包括介绍著名的美籍华人数学家张益唐 2022 年关于"朗道-西格尔零点猜想"的最新数论研究成果等。

　　历史上的许多著名趣味数学问题都促进了数学发展，也推动了历次科学革命。数学与其他科学一样，最重要的不是解题的技巧，而是创新的思想。因此，本书在介绍数学家解决的这些难题时，重点探索他们思考的过程，发掘其中闪现着的新思想的火花。

　　世界各个民族中，华人拥有很高的平均智商，数学上的天赋也不输给其他任何国家的人。然而，由于历史上的种种原因，中国人的创新能力似乎稍有欠缺。如何发挥我们智力上的优势，克服不足之处呢？愿本书能为此目标尽绵薄之力！